## Impressum:

Bibliografische Informationen:
Die Deutsche Nationalbibliothek verzeichnet die Publikation im Internet unter: http://dnb.dnb.de

Autor: Horst Reiner Menzel
Dieselstraße 8
71546 Aspach
doremenzel@gmx.de
Website: http://www.reiner-menzel-aspach.jimdo.com
Herstellung und Verlag: BoD – Books on Demand, Norderstedt
3. Auflage 2021 ISBN- 9783754306390


Fotos: Menzel und Internet
Cover: Flyer Hinterrad mit stufenloser Nuvinci-Radnabe

# Elektrofahrrad - Pedelec von A - Z

Grundwissen für Einsteiger
Wissenswertes für alle Radfahrer

Erfahrungen mit dem Elektrofahrrad
Neudeutsch - Pedelec = pedal electric cycle - E-Bike
Von Horst Reiner Menzel

# Inhaltsverzeichnis

# Vorwort:

Schon vor hundert Jahren begannen ein paar kluge Köpfe mit der Entwicklung des Elektrofahrrades. Der Durchbruch gelang erst in den 1990er Jahren, mit dem Lithium-Ionen-Akku und mit der elektronischen Steuerung des elektrischen Antriebssystems. Inzwischen mausert es sich zum City Rad, Sportgerät und zum Fortbewegungsmittel für alle kleinen Besorgungen, die im Alltag jeden Tag anfallen. Das Elektro-Fahrrad-Pedelec von A - Z soll Einsteigern, Fortgeschrittenen und Normal-Radfahrern Hilfestellung bei der Anschaffung, im täglichen Betrieb und bei der Radpflege geben. Ohne ihn zu überfordern, wird der Leser mit den wichtigsten technischen Details vertraut gemacht. Dieser Erfahrungs-Bericht richtet sich an all jene, die in Erwägung ziehen, sich ein Pedelec anzuschaffen, ist aber auch für alle interessant, die schon eines haben, auch dem Normal-Radler ohne Motor, bietet es viel Wissenswertes. Fast alle auf dem Markt befindlichen Systeme werden erklärt, eine Kostengegenüberstellung: Auto – Elektrorad macht deutlich, ob es sich rechnet ein Pedelec anzuschaffen, welcher Freizeitwert zu erwarten ist und es werden Entscheidungshilfen zum Kauf angeboten. Das Buch beschreibt mit vielen Bildern und Tabellen alles Wissenswerte über Pedelecs, gibt Tipps zu Navigationsgeräten, und veranschaulicht, was man beim Kauf beachten muss. Verkehrs-Probleme werden angesprochen und wie man sich mit dem Fahrrad durch Stadt und Land bewegen sollte, um nicht unter die „Räder“ zu kommen.

Der Autor

*Autofahren, welch ein Graus,*
*die Rad-Seligkeit breitet sich aus,*
*ob Style-Rad, Trecking oder Pedelec,*
*Rennrad und Mountainbike,*
*jedes Rad für seinen Zweck.*
*Ist der Berufsstress endlich weg,*
*fahr ich zum Ausgleich Pedelec.*

*Rei©Men*

# Die Anfänge

Mit meiner Frau werden wir von vielen Menschen, die uns mit unseren Elektro-Rädern begegnen, über unsere Erfahrungen und die technischen Details befragt, denn immerhin sind wir nun schon seit 2010, und seit Anfang 2014 mit der neuen Generation des Schweizer Flyer-Rades, einschließlich der stufenlosen Nu-Vinci-Schalt-Nabe unterwegs. Diese Befragungen kosten uns regelmäßig ziemlich viel Zeit und oft werden wir von Dummschwätzern und arroganten Pedelec-Ablehnern angemacht, die uns Kraft ihrer „noch vorhandenen“ jugendlichen Leistungsfähigkeit belächeln. Neulich, wir fuhren von Cannstatt nach Laufen am Neckar entlang, vesperten auf einer Bank, schon kam eine Gruppe von Sportradlern und einer machte auf uns aufmerksam: „*Schau mal, da sitzen die Elektriker*". Oder andere schwadronieren was von – „*Na das kann doch jeder, da muss man ja nicht mehr treten*", obwohl sie uns ja tretend daherkommen sahen. Die verwechseln das Pedelec mit dem E-Bike, das ohne zu pedalieren nur mit dem Elektromotor unterwegs ist. Das sind eher Elektro-Motorräder, die Versicherungs- Helm- und Führerschein pflichtig sind und 45 km/h schnell fahren dürfen. Natürlich sprechen uns auch ernsthaft interessierte an, aber mit der Zeit wird es lästig, alle Welt über das Wunder-Elektrorad aufzuklären, das wäre eigentlich die Aufgabe der Fahrradindustrie. Dadurch entstand eigentlich die Idee dieses Buch zu verfassen. Inzwischen sind wir zu Pedelec-Spezialisten gereift, fahren mehr Rad als Auto und sparen jede Menge Benzin. Im Sommer reicht uns eine Tankfüllung für den ganzen Monat oder länger. Einkaufsfahrten erledigen wir mit vier Packtaschen, da passt ein kompletter Einkaufswagen rein. Inzwischen ist den meisten das Lächeln vergangen und man setzt sich ernsthaft mit diesem Fahrzeug auseinander, ja es droht ein ernsthafter Konkurrent für die Autoindustrie zu werden.

Seit 2010 hat sich nun einiges geändert, wir schreiben das Jahr 2021, das Pedelec ist etabliert und wird auch von der sportlichen Mountainbiker-Gilde genutzt. Das einst belächelte Elektrofahrrad ist zum Allzweck-Fahrzeug mutiert und droht dem Auto eine ernsthafte Konkurrenz zu werden. Es gibt es in allen denkbaren Varianten und Ausführungen, von Klapprad bis zum Lastenfahrrad und vom Krankenfahrstuhl bis zum Mountainbike. Das einst belächelte Pedelec ist zur Allzweckwaffe für die Verkehrsprobleme des 21zigsten Jahrhunderts geworden.

## Grundsätzliches über das Pedelec:

Pedelecs gelten im Straßenverkehr als Fahrräder und müssen daher vorhandene Fahrradwege oder die Straße benutzen. Natürlich dürfen auch Kinder mit Pedelecs fahren, allerdings mit einer Einschränkung. Das Pedelec ist ein motorbetriebenes Fahrzeug, deshalb sollte man sich genau überlegen, ob man seine „Kleinen" damit losschickt, bevor man absolut sicher ist, dass sie damit umgehen können. Ein Pedelec fährt nur mit Motorunterstützung, wenn man in die Pedale tritt. Der Elektromotor unterstützt beim Fahren die Muskelleistung und zwar in mehreren, am Lenker-Display elektronisch einstellbaren Stufen (50 % 100 % 150 %). Hört man auf zu treten, bleibt der Motor sofort stehen, das Rad rollt im Freilauf weiter, tritt man wieder an, schaltet sich der Motor gleich wieder zu. Je nach Muskelkraft-Leistung, wird durch die Drehmoment-Steuerung, mehr oder weniger Motorleistung abgerufen. Man kann den Motor auch abschalten, allerdings wird das Fahren dann auf Grund des höheren Gewichtes des Pedelecs mühsam. Doch in der Ebene oder mit Rückenwind läuft es ohne Motor noch sehr gut. Auf jeden Fall kommt man auch ohne Motor wieder nachhause, wenn der Akku mal leer sein sollte. Inzwischen gibt es auch hier Unterschiede, bei manchen Herstellern laufen die Räder ohne Motorunterstützung "fast wie ein „normales Fahrrad", bei anderen merkt man, dass der Motor doch etwas bremst. Deshalb sollte man vor dem Kauf das Leerlaufverhalten genau prüfen. Der Motor schaltet sich bei einer Geschwindigkeit von 25 km/h ab. Erhöht man jetzt die Geschwindigkeit, verhält sich das Pedelec wie ein ganz normales Fahrrad. Manche Pedelecs schalten auch erst bei 26 - 27 km/h ab. Andere Motoren schalten abrupt ab, man hat das Gefühl, als halte hinten jemand fest. Bei anderen bemerkt man den Übergang erst, wenn man auf den Tacho schaut, deshalb ist das Leerlaufverhalten so sehr wichtig.

Es gibt mehrere Motor-Systeme. Die etwas Billigeren arbeiten mit Radnabenmotoren an der Vorderachse. Die weitaus meisten haben einen Mittelmotor, der am Tretlager seine Kraft auf den Kettenantrieb überträgt (Bosch, Panasonic, Kalkhoff-Raleigh-Impulse), oder auch Hinterradnabenmotoren, die ebenfalls mit herkömmlichen Schaltungen arbeiten. Weiterhin gibt es Einbausätze, die in Standard-Fahrräder eingebaut werden können (BionX). Der Taiwanesische Motoren-Hersteller TDCM hat einen Hinterrad-Nabenmotor herausgebracht, in dem eine Fünfgangschaltung integriert ist, einfach genial. Die Firma Panasonic hat inzwischen auch einen Hecknabenmotor auf dem Markt. Es ist zu erwarten, das mit zunehmender Nachfrage weitere Systeme auf den Markt drängen werden. Wünschenswert wäre es, wenn die Pedelec-Hersteller demnächst mit belastungsfähigeren Kraftübertragungssystemen zwischen Motor und Antriebsrädern, also Schaltung - Kette auf den Markt kämen, denn die für Standard- Räder entwickelten Kraftübertragungs-Systeme scheinen den Belastungen nicht mehr ganz gewachsen zu sein.

Inzwischen werden auch Klapp-Pedelecs für den Kofferraum, Liegeräder, Dreiräder, Tandems, Transporträder, z. B. das der Deutschen Bundespost und Spezial-Pedelecs für den Ausleihdienst in den Innenstädten hergestellt. Es gibt Pedelecs für sportliche Fahrer, und Mountainbikes mit Elektro-Motor. Für Rennräder wurden inzwischen auch schon Antriebe entwickelt, deren Motoren im Sattelrohr fast unsichtbar untergebracht wurden. Den Akku trägt der Fahrer nur für Insider erkennbar in einer kleinen Tasche hinter dem Sattel.

In der Technik gibt es immer wieder Wunder, so hat sich bisher der Linearmotor bei der Bahn noch nicht durchsetzen können, beim Pedelec sind die Ingenieure dabei einen Linearmotor für das Fahrrad zu entwickeln. Eigentlich ist er in Form von

Radreifen und Achslager gleich Rotor schon fast vorhanden, es fehlen nur die Permanentmagnete an der Felge. Einen Stator, der als Impulsgeber die Hinterradfelge antreibt, könnte man hinter dem Tretlager einbauen. Sozusagen ein kreisförmig aufgerollter Linearmotor, eine geniale Lösung des Gewichtsproblems beim Pedelec. Ob diese Idee in Verbindung mit einer verschleißfreien Verwirbelungs-Bremse jemals verwirklicht werden kann sei dahingestellt.

Manche Komforträder haben eine Schiebehilfe, mit der man ein Rad problemlos, sogar mit Gepäck eine Treppe hochschieben kann, weil der Motor beim Schieben des Rades mithilft (System Panasonic-Flyer). Man betätigt den am Lenker angebrachten Knopf, der Motor läuft an und man führt das Rad neben sich her.

Die Wartungsarbeiten sind weitgehend die gleichen wie am „normalen Fahrrad“, erst wenn die Motorelektrik streikt, muss es zum Fachmann. Es ist überhaupt zu empfehlen, das Rad am Ende der Saison zur Durchsicht zu seinem Händler zu bringen, dann kann man einigermaßen sicher sein, nicht zum Straßenmonteur zu werden.

Für den Normal-Gebraucher gibt es Pedelecs die vom Gesetzgeber bis 25 km/h und mit höchstens 250 Watt Motorleistung vorgeschrieben werden. Die Toleranzgrenze liegt aber bei ca. 28 km/h, dann schaltet der Motor endgültig ab. Natürlich kommt man mit dem Rad auch auf höhere Geschwindigkeiten, aber nur den Berg runter, oder wenn man mit Rückenwind schneller weitertritt. Für diese Räder benötigt man keinen Führerschein, oder extra Versicherungen. Sie gelten im Straßenverkehr als ganz „normales“ Fahrrad. Da man aber viel schneller unterwegs ist, sollte man nie ohne Helm fahren.

Es ist zu empfehlen, bei der Hausratversicherung nachzufragen, ob und wie das Pedelec gegen Diebstahl mitversichert ist, wichtig ist das man bei Diebstahl nicht nur den Zeitwert, sondern ein neues Rad bekommt. Wir zahlen für unsere zwei Räder im Jahr 40 € mehr, das sind sie uns wert. Pedelecs gibt es auch für höhere Geschwindigkeiten, so genannte S - E-Bikes, (S - steht für schnell, engl. Speed) allerdings benötigt man dann eine Versicherungsnummer, wie beim Moped, dieses Rad darf nur mit Helm und mindestens Moped-Führerschein gefahren werden. Wozu benötigt man überhaupt diese schnellen Räder? Ein Argument ist, dass man in den Innenstädten mit dem Autoverkehr >mit schwimmen< kann. Ein anderes, man möchte die 20 oder mehr km, die es zur Arbeitsstelle sind schneller bewältigen, dabei sollte man nicht außer Acht lassen, dass auch beim Fahrrad der Luftwiderstand im Quadrat zur Geschwindigkeit ansteigt und somit beim Fahrer eine entsprechend höhere Trittleistung erforderlich wird. Das ist also nur was für richtige Sportfahrer, die einen ordentlichen Rundtritt haben.

Klapp- oder Falt-Pedelecs werden auch zunehmend zum Mitnehmen in der Bahn angeschafft. Man fährt zum Bahnhof, steigt in den Zug und hat am Ziel gleich sein eigenes Taxi dabei.

Pedelecs werden inzwischen von den Finanzämtern genau wie Autos als „Dienstwagen“ anerkannt und mit 1% vom Anschaffungswert als geldwertem Vorteil besteuert. Letztlich ist noch wichtig zu wissen, dass die Händler verpflichtet sind die alten, oder kaputten Akkus zurück zu nehmen und dem Recycling zu zuführen.

# Die Bremsen

## Allgemeines

Weil man als Radler mit dem Pedelec im Durchschnitt 8 – 10 km schneller unterwegs ist, sollte man bei der Anschaffung eines Pedelecs allergrößten Wert auf gute Bremsen legen. Dieses Problem haben einige Hersteller erkannt und bauen in ihre Pedelecs keine veralteten Bremsen mehr ein. Eine standfeste Bremse muss beim Kauf eines Pedelecs eines der wichtigsten Kriterien überhaupt sein.

## Rücktritt-Bremsen

Die sogenannte Rücktrittbremse ist in die Freilaufnabe des Hinterrades integriert. Um zu bremsen muss man mit der Tretkurbel rückwärts treten, was viel zu viel Zeit kostet. Im heutigen Straßen-Verkehr können Sie diese veraltete Bremse vergessen, sie bremst schlecht, ist in der Reaktionszeit zu langsam, überhitzt und blockiert bei langen Gefällestrecken. Bei den meisten Mittelmotoren ist kein Rücktrittsbremsen möglich, eine Ausnahme bildet der Kalkhoff-Raleigh-Impulse Antrieb, hier wurde bei der Motor-Konstruktion eine Rücktrittbremse berücksichtigt, wobei natürlich im Motor keine Bremse integriert wurde, sondern nur das Rückwärts treten ermöglicht wird. Die Bremse muss weiterhin in der Freilaufnabe der Hinterachse vorhanden sein. Vor dem Kauf sollte man daher einen Bremsvergleich zwischen Rücktrittbremse und anderen Systemen durchführen.

## Die Shimano Rollenbremse

Die Rollenbremse von Shimano sollte für ein Stadt Rad in flachen Gegenden und für den „Normalradler“ ausreichen. Aber, man kommt auch in Stadtverkehr oft in Situationen, wo man eine Notbremsung hinlegen muss. Auf längeren Gefällestrecken kann Sie leicht überhitzen, ich kann diese Bremse deshalb am Pedelec nicht empfehlen.

## V-Brake-Felgen-Bremsen

Die herkömmliche V-Brake-Felgenbremse, welche über Seilzug und Umlenkhebel an der Felge wirkt, ist schon etwas besser, aber auch nicht so ganz sicher. Ein Seilzug kann reißen - wenn es nass ist rutschen die etwas schräg angreifenden Kunststoff-Bremsstollen oft durch, weil die Bremskraft nicht ausreicht, oder weil diese Bremsen ungleichmäßig angreifen und auch schnell mal blockieren können.

## Hydraulische-Felgen-Bremsen

Mit einer modernen hydraulischen Felgen-Bremse sind Sie auf der sicheren Seite. Die Bremsbacken wirken durch die Hydraulikzylinder von beiden Seiten parallel an der Felge, setzen sanft ein und packen verzögerungsfrei und kräftig zu, wenn man die Bremshebel scharf anzieht. Ein Blockieren ist nahezu unmöglich, weil die Bremsbacken das Durchrutschen der Felge auch beim scharfen Bremsen zulassen. Für den „Normal-Pedelec-Radler“ reichen diese Bremsen völlig aus, schließlich muss man auch an das etwas höhere Gewicht von Scheibenbremsen denken, denn das Gewicht sollte man als Radler immer im Auge behalten.

Dieses Bremssystem ist weitgehend wartungsfrei und die Bremsbelege halten mindestens 20.000 Km.

## Hydraulische-Scheiben-Bremsen

Auch bei der Scheiben-Bremse greifen die Bremsbacken parallel von beiden Seiten an der Scheibe an und verzögern, bisweilen zu gut - bis zum Blockieren. Auf langen Gefällestrecken können sich die Scheiben und Bremsbacken erhitzen, das kann sogar so weit gehen, dass sich die Bremskolben festfressen. In manchen Fällen kam es auch schon zum Vibrieren der Scheiben, wenn diese vom Hersteller zu dünn ausgelegt worden waren. Man sollte sich vor dem Kauf in Internet Foren genau informieren, was die Nutzer über die vielen Scheiben-Brems-Systeme am Markt zu berichten haben. Scheibenbremsen neigen schon seit jeher zum Pfeifen, was man aber mit ein wenig Bremsenreiniger aus dem Autozubehörhandel abstellen kann. Scheibenbremsen sind eigentlich für die sehr hohen Belastungen an Mountainbikes entwickelt worden und sollten auch dort eingesetzt werden. Der Nachteil bei diesem Bremssystem ist der hohe Verschleiß an den Bremsklötzen, die in der Regel und je nach Bremseinsatz alle 2000 – 3000 km ausgetauscht werden müssen. Hinzu kommt, dass man sich bei einem Sturz oder beim Umfallen des Rades sehr leicht die Bremsscheiben verbiegen kann. Dann ist die Bremse unbrauchbar und die Scheiben müssen ausgetauscht werden.

## Fazit

Die oben geschilderten Probleme passieren Ihnen bei hydraulischen Felgen- oder Scheibenbremsen selten oder überhaupt nicht. Ich persönlich bevorzuge die hydraulische Felgenbremse, weil sie sanft einsetzt und aus 20 km/h bei kräftigerem Druck mit beiden Hand-Bremsen das Rad in drei-fünf Metern zum Stehen bringt. Bei Scheibenbremsen habe ich immer Bedenken, dass sie sich schnell mal verbiegen könnten, weil die Bremsscheiben ja völlig offen angebracht werden. Allerdings ist die Bremswirkung bei Scheibenbremsen hervorragend, auch wenn es regnet greifen sie standfest an, allerdings neigen sie beim zu scharfen Hebelgriff auch zum Blockieren. Natürlich kann man jede Bremse zum Blockieren bringen, dabei sollte man aber an seine Reifen denken, denn auch Fahrradreifen können Bremsplatten bekommen. Was noch fehlt, ist das ABS (Antiblockiersystem) am Fahrrad; berücksichtigt man das Entwicklungstempo der letzten Jahre, kann es nicht mehr lange dauern, bis es auf den Markt kommt.

## Die Schaltungen

### Allgemeines

Pedelec' s sind mit Naben- oder Kettenschaltungen ausgerüstet, wie „normale" Fahrräder auch. Kettenschaltungen haben weniger Reibungsverluste (Wirkungsgrad 98 %), als Nabenschaltungen (Wirkungsgrad 92 %). Die Erfahrung zeigt aber, dass bei Kettenschaltungen die Kette alle 3000 – 4000 km erneuert werden muss. Bei Nabenschaltungen ist das Verschleißverhalten ähnlich dem der Räder ohne Schaltung. Da die Ketten beim Pedelec stärker belastet werden, sollten nur hochwertige Ketten Verwendung finden, sonst kommt es durch die Weitung der Kette zu starker Abnutzung der Schaltungszahnkränze. Die sich immer länger ausdehnende Kette, passt nicht mehr kraftschlüssig auf die Zahnkränze, läuft auf und springt herunter. Nach spätestens 8000 - 10.000 km müssen auch die kleinen hinteren Zahnkränze ausgetauscht werden, weil sie sich schneller abnützen als die großen. Noch besser ist es, den gesamten Kettenschaltkranz auszutauschen, das ist jedenfalls meine Erfahrung. Wenn auf dem Zahnkranz nur die kleineren Zahnritzel ausgetaucht werden springt die Kette am Übergang von den neuen zu den alten Zahnritzeln nicht immer sauber um und man muss nachschalten, d.h. nochmal rauf- und runter schalten, um in den gewünschten Gang zu kommen.  Durch die Doppelbelastung, Trittkraft plus Motorleistung, ist ein höherer Verschleiß an den Schaltungen festzustellen. Um dem vorzubeugen, sollte man immer eine kleine Schaltpause einlegen, die aber keine Tretpause sein darf. Während man umschaltet nimmt man drei- vier Zehntelsekunden lang die Pedalkraft weg, allerdings muss man ohne Last weitertreten damit der Gang einrasten kann. Es ist im Prinzip der gleiche Vorgang wie beim Auto mit Kupplung und Schalthebel.

## Ketten- oder Radkranzschaltungen

Kettenschaltungen sind Reparatur- und Pflegeleicht, weil Kette, Umwerfer und Zahnkränze frei zugänglich und wartungsfreundlicher sind, allerdings sind sie pflege- und wartungsanfälliger, weil sich die Zahnkränze durch Öl- und Schmutz verkrusten und oft gereinigt werden müssen. Die Reparaturen und der Austausch von Teilen sind leichter zu handhaben als bei Nabenschaltungen, die meist komplett getauscht werden müssen.

## Nabenschaltungen

Nabenschaltungen sind eindeutig pflegeleichter und störungsfreier im Schaltverhalten, haben aber weniger Unter- bzw. Übersetzungs-Stufen als Kettenschaltungen. Eventuell müssen Nabenschaltungen schon nach 20.000 km ausgetauscht werden, weil sie für die höheren Belastungen des Doppelantriebes nicht ausgelegt sind. Eine Ausnahme bildet die Rohloff-Nabenschaltung, die eine hohe Anzahl von Übersetzungen bietet und auch unter Last geschaltet werden kann, das heißt man muss während des Schaltvorganges keine Schaltpause beim Treten einlegen, sie arbeitet verzögerungsfrei, kostet allerding über tausend Euro, fast halb so viel wie ein einfaches Pedelec. Noch zu beachten wäre: Nabenschaltungen wiegen ca. 1 kg mehr als Kettenschaltungen.

## Das Gewicht

Das ca. 1/3 höhere Gewicht des Pedelecs' s kommt durch die stärkeren Rahmen, die Räder, Reifen, Schaltungen und vor allem die Batterie zustande. Für einfachere Freizeit und Stadt-Pedelec' s sollte man sie keine überdimensionierten Akkus kaufen.

## Der Akku

Der „normale“ Akku ist für 80 – 100 Kilometer Fahrleistung ausgelegt. Diese Leistung reicht für den Normalradler völlig aus. Natürlich gibt es auch Akkus für größere Reichweiten. Die kosten dann aber auch mehr Geld und das Mehrgewicht, muss man immer „mitschleppen“, ob man es braucht oder nicht. Und mal ehrlich, welcher Radler fährt im Urlaub oder in seiner Freizeit an einem Tag mehr als 50 – 70 Km am Tag.

## NuVinci Nabenschaltung

Die NuVinci Schaltungen der kalifornischen Schaltungs-Innovatoren von Fallbrook Technologies Inc. ist anscheinend eine sensationelle Neuentwicklung auf dem Automatik-Getriebemarkt, der nun auch in die Fahrradnabenschaltungen Einzug gehalten hat, geht aber im Prinzip auf eine Zeichnung des Universalgenies Leonarde da Vinci zurück, daher auch der Name "NuVinci". Die Schaltung gibt es in zwei Varianten. Einmal als reine stufenlose, mechanische Schaltung, bei der man die gewünschte Übersetzungsstufe mit einem Drehgriff über einen Bowdenzug auswählt. Die NuVinci-Automatik-Schaltung arbeitet stufenlos und halbautomatisch. Über einen kleinen Knopf am Lenker wird der benötigte Schaltbereich vorgewählt. Die Automatik ist natürlich um einiges teurer und man muss sich auch genau überlegen, ob man am Fahrrad unbedingt noch mehr Elektronik benötigt, denn Elektronik sollte man eigentlich nur dort einsetzen, wo sie unverzichtbar ist, weil sie in der Regel doch anfällig und mit Bordmitteln nicht reparabel ist.  Die NuVinci ist mit 2500 Gramm nur unwesentlich schwerer als herkömmliche Schaltnaben, wie z. B. Nexus. Das ca. 1 kg Mehrgewicht macht daher bei einem Gesamtgewicht von Fahrer und Fahrrad nur ca. 1% aus und kann beim E-Bike vernachlässigt werden.

Inzwischen fahren wir mit meiner Frau diese neuartige Schaltnabe - hier sind unsere Erfahrungen: Das Hilfsdisplay auf dem ein Radfahrer in einer Grafik am Berg abgebildet wird, ist als "Schaltstufenhilfe" nahezu unbrauchbar. Wenn man den Drehgriff betätigt, sieht man einen kleinen Radfahrer, der in niedrigerer Stufe den Berg hochstrampelt, in den großen "Gängen" liegt der Weg vor ihm flach. Leider kann man nur ungefähr abschätzen welche Stufe man fährt und bis man dort sieht wo die Schaltung steht, ist man schon in den Graben gefahren! Da wäre eine Hilfsscala mit Zahlen besser gewesen. Allerdings gewöhnt man sich sehr schnell an, nach Gefühl zu "schalten". Der wichtigste Vorteil liegt darin, dass man in jeder Situation eine Stufe vorwählen kann, die dann in der Kurve, oder an der Steigung sofort zur Verfügung steht, ohne dass man über mehrere Gänge durchschalten muss. Macht man dabei einen Fehler, muss man unweigerlich vom Rad runter und manchmal kann man dann am steilen Berg nicht mehr aufsteigen. Das ist mit NuVinci anders, hat man mal vergessen vor dem Berg eine kleinere Stufe zu wählen, reicht ein kräftiger Dreh nach vorn und der Übergang in die kleinere Stufe ist sofort da. Um das System zu "schonen" rate ich immer mit einer kleinen Schaltpause zu schalten, denn das Drehen am Griff ist deutlich leichter und der Motor zieht besser an. Noch ein kleiner Tipp: Um das Hand- und die Fingergelenke zu schonen, kann man auch Daumen und Zeigefinger um den vorderen großen Rand des Drehgriffes legen, so vergrößert man die Hebelwirkung. Das Ergebnis ist ein leichteres Drehen der Übersetzungs-Stufen.

Diese "stufenlose NuVinci Schaltung" ist exzellent, ein Wunder der Technik, aber keineswegs stufenlos, jedenfalls nicht beim Flyer-Panasonic-System. Wenn man ohne Schaltpause schaltet, geht der Motor in die Knie, d. h. es kommt nicht sofort Leistung. Schaltet man mit kurzer Schaltpause, hört man einen kleinen "Knackser", entweder vom Freilauf-System oder vom Getriebe? Aber dann kommt die volle Motorleistung, so wie man es vom Vormodell gewöhnt war. Diese Beobachtungen schreiben die Hersteller leider nicht in die Betriebsanleitung hinein, wir als alte Flyer-Hasen habe uns drei Tage lang den Berg hochgeschimpft, bis wir dahinterkamen wie man "schalten" muss. Es wird auch behauptet, dass man stufenlos unter Last schalten kann. Dies ist zwar möglich, aber nur mit starkem Kraftaufwand am Drehknopf, ich habe da so meine Bedenken wie lange der Bowdenzug das mitmacht. Ich kann mir vorstellen, dass meine Infos auch für die Flyer Leute interessant sind. Unterm Strich ist zu vermerken, dass dieses neue System sich für Vielfahrer absolut rechnet. Die Mehrkosten werden im Laufe der Zeit durch Minderkosten für Ersatzteile wieder kompensiert.

Hier ein Auszug der Pantherwerke zum Nachlesen und anschauen in YouTube:
http://www.pantherbike.com/service/biketests/276-so-funktioniert-nuvinci.html
http://www.youtube.com/watch?v=fn6WcYOss-Q
http://www.youtube.com/watch?v=W7CAn9zInGk

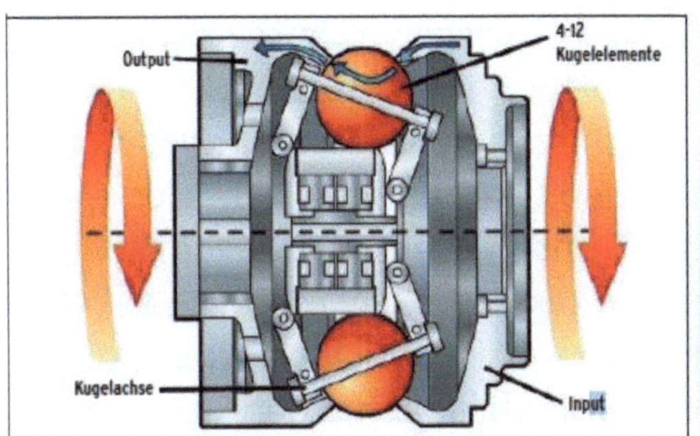

Die stufenlose Schalttechnik

Wie jede geniale Erfindung, funktioniert die NuVinci-Schalttechnik nach einem einfachen Prinzip: Rotierende und neigbare Kugeln stellen den Kraftschluss zwischen der Antriebs- und Mitnehmer-Scheibe her. Die Neigung der Kugeln verändert die Größe ihrer Kontaktfläche zur jeweiligen Scheibe. So entsteht je eine Unter- oder Übersetzung der Antriebs- zur Mitnehmer-Scheibe. Zur Schmierung und Unterstützung dient ein Transmissions- Öl. Darin eingelagerte Partikel stellen die Reibung sicher. Im niedertourigen Fahrradbetrieb bleibt das System komplett wartungsfrei. Erfahrungsstand 2021: In den Bergen ist bei meiner Schaltung ein Bowdenzug gerissen, aber ich konnte in der kleinsten Schaltstufe nachhause fahren. Inzwischen habe ich in meinem Reparaturset für unterwegs, zwei neue Bowdenzüge eingepackt und habe auch gelernt, eine solche Reparatur unterwegs durchzuführen.

# Motorsysteme, die Vor- und Nachteile der wichtigsten Konstruktionen

## Der Mittelmotor

Der Mittelmotor ist in das Tretlager und damit in den unmittelbaren Kurbelantrieb des Rades integriert. In der Regel wird auch der Akku gleich hinter dem Sattelrohr angebracht, der Vorteil liegt auf der Hand, der Gewichtsschwerpunkt befindet sich in der Mitte des Rades, der Antrieb wirkt direkt auf die Kette und alle handelsüblichen Ketten- und Nabenschaltungen können verwendet werden. Außerdem kann man den Motor abschalten und das Rad weiterfahren, wenn mal der Akku leer sein sollte. Der Motor bremst natürlich etwas ab, aber mit den kleinen Gängen kann man noch gut nachhause kommen. Am besten man probiert das motorlose fahren mal unterwegs aus, damit man einen Eindruck bekommt wie sich das anfühlt. Das motorlose fahren wird durch den sogenannten Motorfreilauf gewährleistet. Meiner Meinung nach ist zurzeit der Mittelmotor die beste Lösung der vielseitigen Probleme, die für dieses relativ junge Fortbewegungsgerät entwickelt wurden. Im Wesentlichen können alle Fahrradbauteile des Fachhandels verwendet werden, außer dem Motor und seiner elektronischen Steuerungselemente. Bei Panasonic passen auch Akkus von anderen Herstellern zu diesem System. Aber Vorsicht! Unsere Erfahrungen sind andere, wir fuhren seit 2010 ein Panasonic Motorsystem in Kombination mit einem Schweizer Flyerrad. Wegen der Reichweite auf längeren Touren kauften wir einen 12 Ah Akku als Original-Panasonic Bauteil bei unserem Händler hinzu. Dieser Akku machte bei unseren Flyern nur Schwierigkeiten, er brachte keine Leistung. Eine Freundin der Familie kaufte einen noname Akku im Internet und machte die gleichen Erfahrungen. Der Akku passte nicht zum System, genau wie unserer. Bei Flyer tat man diese Feststellung mit Kundengrillen ab. Was nicht sein darf, kann nicht sein. Als dann unsere Akkus nur noch 50 % Leistung abgaben, fuhren wir von einer Rückreise aus Frankreich bei Flyer in Schwende (Schweiz) vorbei um uns eventuell zwei neue Akkus zu kaufen. Natürlich waren wir an stärkeren Akkus interessiert, aber man sagte uns, dies sei mit den alten Motoren nicht möglich, dafür gebe es speziell angepasste 10 Ah Akkus. Aha! Nun wissen auch die Flyer-Leute allmählich, dass unsere Erfahrungen nicht nur heiße Luft waren. Ich gehe mal davon aus, dass sie es selber nicht besser wussten, eventuell war das ein Geheimnis von Panasonic, das man nicht rauslassen wollte. Siehe dazu weiteres im Kapitel Akkus.

Bosch hat einen ähnlichen Mittelmotor entwickelt, der von vielen Herstellern in Pedelecs eingebaut wird. Aber im Gegensatz zum Panasonic-System können ausschließlich Bosch Akkus verwendet werden, die unter dem Gepäckträger montiert oder vorn am Rahmen befestigt werden. Ein weiteres Mittelmotorsystem kommt von den Firmen Kalkhoff und Raleigh mit dem Impulse-Mittelmotor. Gemäß der Stiftung Warentest soll der Antrieb gute Laufeigenschaften aufweisen, allerdings soll er elektromagnetische Störwellen abgeben, die den Funkverkehr von Polizei, Feuerwehr und Rettungsfahrzeugen beeinflussen können. Ich nehme an, dass der Hersteller diese Unart sehr bald durch den Einbau von Kondensatoren abstellen wird. Da es sich bei diesen Motoren um Neuentwicklungen handelt, muss aber die Alltagstauglichkeit noch abgewartet werden. Ab Ende 2013 baut die Schweizer Firma Flyer nun auch Boschmotoren in ihre Pedelecs mit der direkten Kraftübertragung auf die Tretachse ein, und auch der neue Panasonic-Motor ist zum Jahreswechsel 2013-14 mit einem Direktantrieb auf das Tretlager umgestellt worden, denn bisher war bei Panasonic noch ein kleines

Antriebskettenblatt zwischen geschaltet, über welches der Motor seine Leistung auf die Kette, leider mit kleinen Reibungsverlusten abgab.

Seit ein paar Wochen - April 2014 - fahren wir nun den neuen Panasonic-Motor im Flyer-Rad mit dem Direktantrieb auf das Kettenblatt. Unser erster Eindruck ist sehr gut, der Motor bringt in der Ebene seine gewohnte Leistung, hat aber bei längeren Bergstrecken Leistungsverluste, wenn man höhere Gänge tritt. In niedrigeren Gängen geht er hoch wie von Geisterhand geschoben, aber durch die höheren Trittfrequenzen kommt man schon manchmal ins Schwitzen. Display und Leistungs-Stufen-Tippschalter sind nun getrennt und verbessert worden, man kann nun nicht mehr wie beim Vorgängermodell, aus Versehen den Motor abstellen. Allerdings war das alte Display besser ablesbar. Das neue schwarze Display ist in Helligkeit und Kontrast einstellbar, aber bei Sonneneinstrahlung kaum mehr ablesbar.

Die ans Hinterrad verlegten Kilometersensoren sind jetzt geschützter angebracht, sodass ein unabsichtliches Verstellen verhindert wird. Am Display kann man den jeweiligen Felgen-Reifendurchmesser einstellen, das ist aber sehr wichtig, sonst stimmen die angezeigten Werte nicht. Ja, immer diese Sensoren, mein Pedelec-Motor lief einfach nicht mehr. Ich rief meinen Fahrradhändler an und der erkannten nach ein paar Fragen den Fehler. Schauen sie mal nach dem Hinterradsensor, der ist bestimmt verstellt. Aha! Ist eigentlich sehr einfach, Rahmensensor und Felgenmagnet müssen natürlich im Abstand von ca. 2 – 3 mm aneinander vorbeilaufen. Nachdem ich die Sensoren eingestellt hatte, lief das Rad wieder einwandfrei.

Bild: Kalkhoff-Raleigh- Impulse mit Mittelmotor und Nabenschaltung

Bild: Flyer mit Mittelmotor, Direktantrieb und NuVinci "Schaltung" 2014, unten am Hinterrad der Sensor.

Bild: Flyer mit Mittelmotor und Direktantrieb über die neue stufenlose NuVinci -Schaltung 2014

Bild: Die NuVinci "Schaltnabe" von Fallbrook Technologies Inc.

Die NuVinci Schaltnabe und unten an der Speiche der Magnet-Sensor für die Motorsteuerung.

Bild: Das alte Flyer-System mit Mittelmotor, Shimano-9 Gang Kettenschaltung und hydraulischer Magura-Felgenbremse

Bild: Sportliches Trekking-Rad Ortler Montreux Pedelec mit BOSCH Antrieb und Kettenschaltung

## Der Vorderrad-Nabenmotor

Vorderrad-Nabenmotoren sind einfache- und preisgünstige Lösungen, die hauptsächlich von Discountern angeboten werden. Der Motor ist in die Vorderradnabe integriert, das hat einen gewissen Nachteil, weil der Motor am Vorderrad das ganze Fahrrad hinter sich herzieht, daher das Vorderrad besonders belastet und muss ausreichend stabil gefertigt werden. Wenn man mit den Pedalen in einer Kurve stark antritt, will das Rad geradeaus fahren. Diesen Effekt gibt es auch bei Motorrädern, die gern ausbrechen, wenn man in der Kurve zu viel Gas gibt. Schuld daran ist auch die aufrichtende Kreiselwirkung der schnell laufenden Motor-Rad-Schwungmasse. Aber es kann auch passieren, dass das Vorderrad am Berg durchdreht. Ein weiterer Nachteil ist, dass Front-Nabenmotoren keinen Freilauf und auch keine integrierte Schaltung besitzen. Das heißt, wenn der Fahrer aufhört zu treten, bremst der Motor das Rad ab, weil er dann Strom erzeugt der nutzlos in Wärme umgewandelt wird. Durch die fehlende Schaltung direkt am Motor, kann der Nabenmotor nicht immer im optimalen Leistungsbereich drehen, dadurch wird ein Teil der Akkuleistung nicht in Vortrieb, sondern in Wärme umgewandelt. Das macht sich hauptsächlich am Berg bemerkbar. Bei Reifenpannen, muss das elektrische Anschlusskabel gelöst werden. Die Akkuposition bei manchen Pedelecs, hoch auf dem Gepäckträger ist auch nicht sehr glücklich gelöst, das kann dazu führen, dass das Rad bei hoher Geschwindigkeit anfängt zu flattern, wenn man mit schweren Gepäcktaschen unterwegs ist. Einen großen Vorteil hat dieses System aber auch, weil der Motor auf das Vorderrad wirkt, die Pedalkraft aber auf das Hinterrad, fährt man sozusagen mit Allradantrieb.

Bild: Vorderrad-Nabenmotor mit verstärkten Speichen

## Der Hinterrad-Nabenmotor

Der Motor ist in der Hinterrad-Radnabe eingebaut und zeichnet sich durch eine direkte Kraftübertragung, ohne Umwege über die Kette auf das Hinterrad aus. Dadurch wird der Kettenantrieb nicht zusätzlich belastet. In der Fachsprache nennt man diesen Motor einen Direktläufer, er hat also keine Anpassung durch ein Getriebe und daher einen sehr leisen Lauf. Durch das fehlende Getriebe verarbeitet er am Berg die Energie weniger effektiv, weil ein Teil der Energie in Wärme umgewandelt wird. Bei einigen Hecknabenmotoren wird der Energieverlust durch die Möglichkeit der Energierückgewinnung kompensiert, in etwa 1% Energie kann bisher zurückgewonnen werden. Wenn man bergab fährt oder bremst wird der Motor zum Generator und der Akku wird wieder aufgeladen. Allerdings hält sich diese in der Fachsprache so genannte „Rekuperation“ in Grenzen. Das Problem bei diesen Antrieben ist, dass sie oft keinen Freilauf haben, sodass der Motor beim Rollen bremst. Haben sie aber einen Freilauf, wird der Rotor (sich drehender Teil im Elektromotor) nicht ausreichend abgebremst, das heißt der Dynamo steht und es wird kein Strom erzeugt. Dieses Problem lösen die Hersteller, indem der Freilauf elektronisch abgeschaltet wird. Ein weiteres Problem ist, dass bei leichtem Bremsen und Bergabfahrten nicht genug Ladespannung erzeugt wird, sodass keine Akkuladung erfolgen kann, weil die Akkuspannung höher ist als die Ladespannung. Um all diese Probleme zu erschlagen, ist eine sehr aufwendige elektronische Motorsteuerung erforderlich, damit „der Motor weiß", ob er antreiben, oder Strom erzeugen soll. Der Vorteil dieser Konstruktion ist ähnlich wie bei den Elektroloks der Eisenbahnen, die man mit der Rekuperation Bremsen schonend verzögern kann und dabei noch Strom erzeugt. Das kann sich bei Berg-Abfahrten, wo man lange Zeit die Handbremsen betätigen muss, als große Brems-Hilfe erweisen. Bei dieser Antriebsart sollte der Akku wegen des Gewichtsausgleiches unbedingt im vorderen Bereich des Rades angebracht werden. Hinterradmotoren haben ein gutes Traktions- und Beschleunigungs- Verhalten, was für den Einsatz bei sportlichen Fahrern und bei Mountainbikern spricht. Nachteilig sind wiederum die komplexe Verkabelung vom Akku zur Hinterachse und die Montage-Arbeiten bei Reifen-Pannen. Die Firma Panasonic hat inzwischen einen Hinterradnabenmotor mit einem Ausgleichsgetriebe auf den Markt gebracht, bei dem nun die Unarten der vorhandenen Modelle, wie oben beschrieben beseitigt wurden. Da die Firma Shimano in die Entwicklung einbezogen wurde, kann man davon ausgehen, dass die Getriebe-Schaltung in Verbindung mit der Ketten-Kraftübertragung optimal angepasst wurde, außerdem wurde die Rekuperation, (Energierückgewinnung) in die Konstruktion mit eingebaut. Damit dürfte dieser Heck-Radnaben-Motor z. Z. das modernste sein, was am Markt erhältlich ist. Inzwischen hört man nur erfreuliches über dieses System, das man allerdings mehr den sportlich ambitionierten jüngeren Radlern und Mountainbikern empfehlen kann.

Bild: Panasonic Hecknabenmotor mit Getriebe, Shimano Kettenschaltung und Scheibenbremse

Bild: Akku vorn am Rahmen

Ein sportliches Rad für junge Leute, als Stadtrad für Normalradler völlig ungeeignet. Wenn es regnet ist man durch die fehlenden Schutzbleche völlig „versaut“, am besten, man geht anschließend gleich zusammen mit dem Rad in die Dusche.

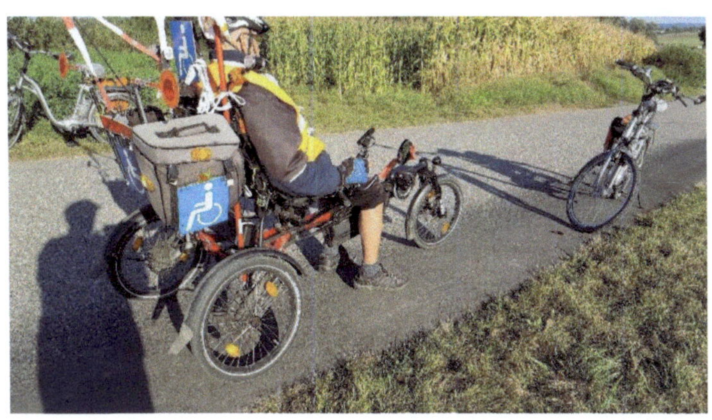

Ein Sitz-Rad, von Ideal für Körperbehinderte

Quelle: WikipediA

Sportrad mit integriertem Akkusystem. Weniger geeignet für den Stadtverkehr. Man sollte sich immer genau überlegen, für welchen Zweck man das Rad benutzen möchte. Von diesem Teil kommen Sie im Notfall nicht schnell genug herunten. Wir stellen uns die Sattelhöhen im Stadtverkehr immer so ein, dass wir an der Ampel, oder bei anderen Verkehrsstörungen mindestens einen Fuß auf den Boden stellen können.

Quelle: WikipediA ein genialer Postzusteller

Gravel- oder Fatbike für Profilneurotiker

Lasten-Dreirad von Babboe

Vierrad von Primo, die Frage ist: Wo hört das Radfahren auf, da kann man sich wohl besser gleich einen Kleinwagen kaufen.

## Sporträder-Antriebe

Quelle: http://www.vivax-assist.com/de/vorteile/leichtbauspezialist.html

Der ultraleichte Elektromotor ist in Ästhetik und Funktion einzigartig. Unsichtbar im Sattelrohr verbaut, wirkt der Motor mit 200 Watt direkt auf die Tretkurbel. Dank Nachrüstsatz ist man von der Fahrradmarke nahezu unabhängig. Das geringe Zusatzgewicht von 1,8 kg für die gesamte Einheit inkl. Akku spürt man kaum. So entstand das weltweit leichteste E-Mountainbike unter 10 kg. Das Bike funktioniert bei ausgeschaltetem Motor wie gewohnt. Dank Freilauf läuft es widerstandslos und kann somit auch weiterhin als Sportgerät genutzt werden. Ideal auch für E-Rennbike-Räder.

Bild unten: Rennrad mit unsichtbarem Motor im Sattelrohr

## Selbsteinbau-Lösungen

Auf dem Markt gibt es sehr viele Angebote zum Selbsteinbau von Elektroantrieben für Fahrräder. Vor dem Selbsteinbau von Bausätzen, in vorhandene Räder sei gewarnt. Man handelt sich damit allerlei Probleme ein, sei es die Produkthaftung oder auch die fehlende Servicebasis, man steht mit dem Teil immer allein da. Da ist es dann doch besser, es vom Fachmann einbauen zu lassen, aber dann kann man auch gleich ein Pedelec aus der Fabrik kaufen.

Bild: Hecknabenantrieb von BionX mit Rekuperation = Stromrückgewinnung beim Bremsen oder Rollen ohne Tritt.

Bild: Die französische Lösung „Cybien“, mit zwei die Felgen antreibenden Elektro-Motoren, spaßig „Zauberstäbe“ nach den bekannten Küchenrührgeräten benannt. Aber aufpassen, dass keine Kleidungsstücke eingewickelt werden.

Siehe Bild oben. Die neueste Entwicklung kommt von Brose. Highlight des souverän laufenden Rades ist sein Brose-Motor, der durch einen leicht linksseitig versetzten Einbau auf der rechten Motorseite Raum für ein vorderes Doppelkettenblatt erlaubt - ideal für Touren. Dazu kommt beim Bulls seine komplette, äußerst clever durchdachte Tourenausstattung (Federgabel, am Lenker blockierbar, Gepäckträger mit Packtaschenleiste für tiefen Schwerpunkt, ergonomischer Lenker), großer Akku (statt üblichen 400 Wh sogar 612 Wh). Der Motor soll absolut souverän arbeiten. Er hat 3 Unterstützungsstufen, dass Sound-Bild ist vertrauenerweckend, sonores Summen, die Zusammenarbeit mit der 20 Gang (!) Kettenschaltung ist ebenfalls Klasse.
Ein Mittelmotor mit 2 x 10 Gang Touren-Schaltung,
plus drei Motorgangschaltung-Stufen.

Bisher musste man bei einem Mittelmotor fast immer auf "große" Kettenschaltungen verzichten. Meist ließ sich der Motor nur mit einem Kettenblatt realisieren. Brose erlaubt ein Doppelkettenblatt, so dass in Kombination mit einem 10 Gang Ritzel nun 20 Gänge realisierbar sind. 20/27 (Sram DualDrive) und 30 Gang Schaltungen waren bisher nur mit Heckmotoren möglich. Der Mittelmotor mit Tourenschaltung, das ist neu und richtungsweisend!

Bild: Ein Kuriosum-Antrieb, anscheinend aus dem Bereich Kettensäge entliehen. Anstatt dieses Monstrums, sollte man dann lieber ein Moped fahren.

Bild: Liegerad-System, mit endlos langem Kettenantrieb.

Bild: Vermutlich ein Kettensägemotor

## Fazit:

Für Besorgungen und als Stadtrad reicht das billigere Vorderrad-Nabenmotor-Rad in flachen Gegenden völlig aus. Für den sportlichen Fahrer mit großer Trittkraft und schnellem Antritt, oder als Mountainbike ist das Hinterrad-Naben-Motor-Fahrrad besser geeignet, vorausgesetzt, der Motor besitzt einen Freilauf. Der Mittelmotor ist sozusagen das Allroundrad für alle Zwecke und Gelegenheiten, vor allem wenn es vorn einen tiefen Durchstieg besitzt, früher Damenrad oder Holland-Rad genannt, das bringt mehr Sicherheit beim Auf- und Absteigen und beim Stopp im Verkehr, an Ampeln oder, wenn man als älterer Mensch nicht mehr so fix von Rad herunterspringen kann.

## Vergleich Panasonic – Bosch.

Als Besitzer des Flyers in der neunten Saison, habe ich das Bosch Pedelec Probe gefahren. Super im Anzug, hervorragende Bergsteige-Fähigkeit, leider regelt das Teil schon wie vom Gesetzgeber vorgeschrieben bei 25 km/h ab und zwar abrupt. Plötzlich ist der Saft weg, das fühlt sich an, als wenn man gegen eine unsichtbare Wand fährt. Das ist beim Flyer besser gelungen, vor allem regelt es sanfter ab und dosiert den Leistungseinsatz des Motors besser, das spart Akkuladung. Was sofort auffällt, beim Bosch ist der Akku auf dem Gepäckträger, beim Flyer in der Mitte, das ist von der Gewichtsverteilung besser gelöst. Die Geräuschkulisse ist bei beiden zufriedenstellend. Da der Motorantrieb beim Bosch direkt auf die Tretlagerachse wirkt, hält sich der Kettenverschleiß in Grenzen. Beim neuen Panasonic Direktantrieb entfällt ebenfalls der bei Panasonic bisher für die Kraftübertragung auf die Kette wirkende Zahnkranz, der sehr anfällig war und nach 2000 km ausgetauscht werden musste. Allerdings hat auch der Bosch Motor sein Handicap, weil bei der Kraftübertragung zwischen Motor und Kettenblatt noch ein Übersetzungsgetriebe zwischen geschaltet wurde. Das führt natürlich wieder zu Reibungsverlusten. Durch das Zwischen-Getriebe wurde das Kettenblatt kleiner gestaltet, was sich letztendlich wieder verschleißfördernd auf die Kette auswirkt. Außerdem wird man das Bosch Rad durch das Zwischengetriebe und das kleine Kettenblatt sehr viel schwerer treten müssen, als beim Panasonic-System, wenn mal der Akku leer ist. Beim neuen Panasonic bleibt abzuwarten, ob die oben geschilderten kleinen Mängel beseitigt werden konnten. Bei Bosch gibt es inzwischen auch verschiedene Systeme für den Akku-Einbau, oft ist er auch in den vorderen Rahmen integriert.

Der Kalkhoff-Raleigh-Impulse Antrieb soll nach ersten Testergebnissen die Leistungsabgabe des Motors beim Erreichen der Höchstgeschwindigkeit allmählicher abregeln, so dass man nicht das Gefühl bekommt, dass der Motor defekt ist.

Die Kunststoff-Elemente, Kabel und Stecker, LED-Leuchten usw. sind bei allen Fabrikaten miserabel, das heißt, nicht fahrradgerecht-strapazierfähig konstruiert. Die spielzeug-mäßigen Displays sind nicht ergonomisch konstruiert. Beim alten Flyer drückte ich oft aus Versehen den Power-Knopf und der Saft war weg. Wenn das am Berg passierte, musste ich absteigen. Passiert das im Verkehr wird es lebensgefährlich. Beim neuen Flyer findet man unter dem Display kaum den Knopf um den Strom einzuschalten. Überhaupt muss da wohl ein Schreibtischtäter die Konstruktionszeichnungen am Computer-CAD entwickelt haben, denn das ganze Bedienelement ist zu fipzig und fummelig ausgeführt. Dieser Mensch müsste mal zur Übung - nicht zur Strafe - 10000 km mit einem Panasonic oder Bosch fahren. Hoffentlich fällt er dann nicht aus Versehen in den Graben, wenn er am Display hantiert oder herumfummeln muss. Bosch sieht da in keiner Weise besser aus, unübersichtlich, viel zu klein, man kann kaum sehen, welche Leistungsstufe man fährt. Für die hoch-runter Schaltwippe des Leistungsschalters benötigt man eine starke Brille. Passt man nicht auf, fällt das ganze abnehmbare Teil auf die Straße, falls man es noch findet, ist es mit Sicherheit kaputt. Außerdem kann es gestohlen werden. Beim Flyer gibt es immerhin eine Feststellschraube, die verhindert, dass das Display aus der Halterung rausfällt. Für sehr sportliche Fahrer sind beide Räder nicht empfehlenswert. Man kann nur hoffen, dass man bei den Herstellern die am CAD-Programm entworfenen Anzeigegeräte bald verbessert, größer und robuster ausführt.

Bild: Flyer-Display, in dem sich die Wolken spiegeln und sonst nicht viel zu erkennen ist.

Wer noch mehr über die Antriebstechnik wissen möchte, dem empfehle ich folgende Internetseiten und Bücher:
Das E-Book bei Amazon von Detlev Steinmüller, „Pedelecs", eine Zusammenfassung von Wissenswertem für sportliche Fahrer, Mountainbiker und Internet-Freaks. Hier finden Sie weitere Adressen zum rumstöbern.

www.eradhafen.de Vergleiche zwischen Bosch, Panasonic und Impulse Mittel-Motoren.
Alles über Pedelec-Motoren Stand 2013 von Jochen Donner, Technikchef bei der Zeitschrift „Trekkingbike"

Die Suche bitte über Google: *www.dk-content.de/trekking-bike/pdf-archiv/E-Bike_**Motoren**.pdf*
Wichtige Informationen erhalten Sie auch im http://www.pedelecforum.de/forum/forum.php
Dieser Link ist für Pedelec Freunde besonders hilfreich:
https://www.emotion-technologies.de/e-bike-infos/news/
Und wer es ganz ausführlich wissen möchte, sollte bei Amazon, dass nicht ganz billige E-Book:
E-Bike-Technik: Funktion und Physik der Elektrofahrräder von Teja und Eberhard Müller erwerben, aber Vorsicht, nichts für Technikmuffel, das ist eine ziemlich trocken, wissenschaftlich, angerichtete Angelegenheit.
Natürlich gibt es inzwischen auch eine E-Bike Zeitschrift:

# Die Akkus - Energiespeicher und Akkupflege

Die Lithium-Ionen-Mangan- oder Cobalt- Akkus, haben eine Lebensdauer von ungefähr fünf bis sechs Jahren, oder 10.000 - 15000 km Laufleistung, wobei die Leistung nicht schlagartig, wie beim Bleisäure-Akku weg ist, sondern sich nach und nach verschlechtert. Man kann dann beim Händler einen Kapazitätstest machen lassen, ist die Leistung unter 50 % abgefallen, sollte man einen neuen Akku kaufen und den alten als Reserve in der Packtasche mitführen, aber auch öfters mal benutzen, sonst geht er in der Tasche kaputt. Es gibt Akkus mit Leistungen von 10 - 12 - 16 - 18 oder auch schon 24 Ah. (Ampere-Stunden) Die Reichweite beträgt je nach Ah und Geländeprofil 50 – 150 km. Die Akkus sind am Rad in aller Regel unter dem Sattel, oder in der Mitte des Rades montiert, so hat man die beste Gewichtsverteilung. Von der Akkumontage unter dem Gepäckträger halte ich nicht viel, es kommt schon genug Gewicht aufs Hinterrad, wenn man mit Gepäck unterwegs ist, außerdem kann man ihn nur umständlich ausbauen, wenn man ihn zum Laden mal schnell irgendwohin mitnehmen möchte. Aber - einen Vorteil hat der >Heck-Akku< dann doch. Er ist in seinem „Drahtkäfig“ sicher untergebracht, ja fast unzerstörbar, wenn man einen Unfall hat, z. B. wenn das Rad umfällt und der Akku mit dem Gehäuse auf einen Stein fällt oder er fällt jemand aus der Hand. Die Akkugehäuse sind mal wieder von den Designern so konstruiert worden, dass das Kunststoff-Gehäuse schon aus einer Fallhöhe von 50 cm zerbricht. Absicht oder nicht? – Eher nicht! Es geht hier wohl eher um das Gewicht des gesamten Fahrrades. Allerdings bin ich auch hier der Ansicht, dass man diese nicht ganz ungefährlichen Teile, es sollen ja schon Akkus explodiert sein, am Fahrrad besser gegen Zerstörung sichern sollte. Zum Beispiel könnte man auch den Mittel-Akku in einem ausklappbaren Aluminium-Käfig unterbringen, so wäre er bei Stürzen und Unfällen besser geschützt.

Absicht oder nicht? Wenn er kaputtgeht, kann der Hersteller einen neuen verkaufen! Allerdings gibt es inzwischen Pedelecs, da ist der Akku vorbildlich im etwas dickeren Rahmen verbaut. Allerdings muss man unter Umständen dann das ganze Fahrrad, zum Akku aufladen, mit in die Wohnung oder gar ins Hotelzimmer mitnehmen. Beim Akkuwechsel, gibt es dann regelmäßig ein ziemliches Geschraube. Der größte Nachteil besteht darin, dass diese Akkus meistens nur für diese Spezialräder gebaut werden. Man muss also damit rechnen, dass es irgendwann keine neuen Akkus mir gibt. Dann kann man das Rad in das Deutsche Fahrradmuseum in Bad Brückenau bringen.

Ein nigelnagelneuer 12 Ah Akku, fiel uns während der Fahrt aus der Halterung des Rades auf die Straße, der Tragegriff war ab und das Gehäuse beschädigt. Unser Händler erklärte uns, dass Akkus nicht repariert werden, man müsse einen neuen kaufen? Was Neuen kaufen, der hat 800 € gekostet, wir fragten bei anderen nach, tatsächlich, keiner will zerbrochene Akkugehäuse austauschen. Da kommt dann schon die Frage auf, warum Akku-Hersteller, die Gehäuse aus dem zerbrechlichen Hart-PVC fertigen, da gibt es doch auch noch Thermoplaste. Nun - ich klebte die Gehäuse-Teile mit Montagekleber wieder zusammen und bis zu seinem natürlichen Ende, tat er seine Pflicht. Damit das nicht nochmal passiert, sichere ich inzwischen unsere Akkus mit einem Gummiband. Inzwischen kann man die Akkus auch ausleihen. Das kostet dann in der Regel ca. 20% mehr, hat jedoch den Vorteil, dass man einen kaputten Akku, wie beim E-Auto, gegen einen neuen austauschen kann. Allerdings sollte man genau prüfen, unter welchen Bedingungen man einen neuen Akku „beantragen“ kann.

Bild: Akku mit Gummibandsicherung

Sportradler und Mountainbiker fahren ihre Akkus meistens unter der Querstange, dort wo man auch die Trinkflaschen befestigt. Für mich sieht diese Aufhängung ein wenig unestätisch aus, es erinnert irgendwie an einen Motorradtank. Siehe unteres Bild, doch das ist letztendlich alles Geschmacksache. Den

Sportradler wird es wohl kaum stören, den Genussradler aber mir einiger Sicherheit.

Bild: Hinterrad-Nabenmotor mit Kettenschaltung

Das Laden der Akkus dauert in der Regel 3 - 4 Stunden, ein Nachladen an öffentlichen Akkuladestationen, die es inzwischen auch gibt, ist eigentlich Unsinn. Es sei denn, man hat viel Zeit und man kann den Akku auch noch beaufsichtigen. Besser ist es daher auf größeren Touren ein Ladegerät mitzunehmen, dann kann man überall aufladen, z.B. während einer Essenspause oder man führt einen vollgeladenen Ersatz-Akku mit und ladet seine Akkus auf längeren Touren im Hotelzimmer auf.

Wenn man seine Akkus schonen will, sodass sie länger halten, sollte man folgendes beachten. Die meisten Akkus haben einen Tief-Entlade-Schutz und einen Überladungsschutz, sie können beim Laden also nichts falsch machen. Man darf sie in der kalten Jahreszeit nicht dem Frost aussetzen, dann altern sie schneller. Fährt man aus irgendwelchen Gründen ein Weilchen nicht mehr Rad, sollten sie mit 2/3 Drittel vollgeladen nicht unter + 15° C gelagert werden. Die Selbstentladung hält sich beim Lithium-

Ionen-Akku in Grenzen, aber nach einem viertel Jahr, sollte man schon mal nachladen. Wenn ein Akku nicht >arbeitet<, also nicht geladen und entladen wird, verliert er schnell seine ursprüngliche Kapazität, er altert, weil die chemisch-galvanischen Prozesse weiter ablaufen, deshalb ist es für den Akku besser "bewegt" zu werden. Also auch mal im Winter bei schönem Wetter Radfahren, dass erfrischt die Seele.

Die Ladezeiten für die meisten Akkus liegen im Bereich zwischen drei und fünf Stunden. Längere Ladezeiten sollte man nicht akzeptieren. Neuerdings gibt es auch Ladegeräte mit Schnellladefunktion. Die sollte man möglichst nur benutzen, wenn man keine Zeit zum Laden hat, denn beim Schnellladen erhitzen sich die Akkus und das geht auf die Lebensdauer.

Ladegeräte, Akkus und Antriebsmotoren sind ein eingespieltes Team, deshalb sollte man zu jedem neuen Akku auch ein neues Ladegerät fordern, denn gerade in diesem Bereich machen die Hersteller große Fortschritte, zumindest, was die Miniaturisierung und Effizienz der Akkus angeht. Man kann nicht davon ausgehen, dass ein altes Ladegerät auch zum neuen Akku passt. Akkus und Motoren haben eine Steuerungs-Elektronik, die mit dem Motor über eine Software abgestimmt ist. Wenn Sie also einen neuen Akku benötigen, sollten Sie ihn nur beim Hersteller des Fahrrades erwerben. Dazu gibt man seinem Händler die Rahmen- und die alte Akkunummer an und besteht darauf, dass er den neuen Akku im Herstellerwerk bestellt. Nur auf diesem Wege ist sichergestellt, dass das System einwandfrei funktioniert. Außerdem haben Sie jederzeit eine System-Garantie und müssen sich nicht mit verschiedenen Firmen herumschlagen, denn wenn es Ärger gibt, schiebt immer einer die Schuld auf den anderen.

Wird ein Akku sehr oft ganz leer gefahren, verliert er schneller seine Kapazität, als wenn er immer ein Drittel Ladung behält. Viele meinen ein Akku sollte immer vollständig entladen werden, damit er keinen Memory-Effekt bekommt, indessen, Lithium-Ionen-Akkus kennen "fast" keine Memory-Effekte! Also, fast nach jeder Fahrt nachladen, auch wenn er noch halb voll ist, weil man auch nie genau weiß, wie viel Energie man am nächsten Fahrradtag benötigt. Laut Herstellerangaben, haben Sie 1000 Ladezyklen zur Verfügung, da können Sie schon ein Weilchen aufladen, bis er seinen Geist aufgibt. Ein weiterer Grund für schnelleren Verschleiß ist, die thermische Belastung, wenn der Akku an Steigungen überlastet wird. Also, besser kleinere Gänge fahren, mal anhalten und relaxen oder an Steigungen den Akku wechseln, wenn Sie einen Ersatz-Akku mitführen.

Wie bei allen Akkus, ist die Leistungsreserve bei Minustemperaturen stark reduziert. Läuft ein Pedelec bei plus 20° C 60 km weit, so wird es bei minus 10° C, nur auf 40 km Reichweite kommen. Wenn man längere Zeit starke Steigungen hochfährt, erhitzt sich der Akku und die Stromabgabe lässt erheblich nach, das geht sogar so weit, dass der Motor ins Stottern gerät. Deshalb haben wir bei größeren Touren immer einen, >alten Akku<, der nicht mehr die volle Leistung bringt, zum Auswechseln in der Packtasche. Man kann diesen Effekt abschwächen, wenn man große Steigungen mit kleineren Gängen fährt, so schont man auch die Kette und das Antriebssystem. Neuere Fahrrad-Modelle verfügen im Display über eine Restkapazitätsanzeige z. B. 45%, auch die vorrausichtlich noch fahrbaren Kilometer werden angezeigt. Man kann sich aber nicht darauf verlassen, weil der Rechner immer nur eine Momentaufnahme der Reichweite erstellt. Dabei geht er natürlich immer von Durchschnittswerten aus. Er kann natürlich nicht wissen, wie viele Steigungen Sie noch bewältigen müssen.

Eine andere Möglichkeit besteht darin, dass man absteigt und dem Akku eine kleine >Verschnaufpause< gönnt. Zum Beispiel, das Rad den Berg ein kleines Stück hochschiebt, so wie man das Früher auch machte. Da reichen schon fünf Minuten, doch man sollte während dieser Zeit den Motor ausschalten. Bei Akkuwechseln kann es vorkommen, dass der Neue nicht richtig „zieht“, weil der Motor den Akku nicht akzeptiert. Da hilft nur eines, absteigen, stromlos schalten, nach zwei, drei Minuten einschalten und weiterfahren. Wie von Geisterhand geschoben, fährt das Pedelec plötzlich als wäre nichts gewesen. Fragen Sie einen Fachmann, so wird er erklären: >Das liegt an der Software<. Aha, der Computer ist abgestürzt – Resett-Knopf eindrücken, das heißt stromlos machen, dann wird das System wieder hochgefahren.

Eine Besonderheit des Panasonic-Systems sei noch erwähnt, weil es für die Motor-Systeme bis ca. 2011 und die Besitzer solcher Fahrzeuge wichtig sein kann. Die bis 2011 ausgelieferten Akkus, hatten eine sogenannte Plattenschichtung, die eigentlich nur mit den dazugehörigen Motoren optimal zusammenarbeiten. Alle später mit den neuen Rundzellen und neuem Batteriemanagement ausgestatteten Akkus, arbeiten oft nicht zufriedenstellend, mit den älteren Motoren zusammen. Fragen Sie deshalb beim Nachkauf eines verbrauchten Akkus bei der Lieferfirma nach, welche Akkutypen und Motoren zum Zeitpunkt der Herstellung in Ihr Rad eingebaut wurden. Die Firma Panasonic liefert auf Wunsch und wie man mir bei Flyer versicherte, noch sehr lange auch die älteren Platten-Akkus und das zu einem relativ günstigen Preis von z. Z. 390,00 €, für den 10 Ah Akku aus. In wie weit neuere Akkutypen auch mit den alten Motoren gut zusammenarbeiten, muss man einfach ausprobieren. Allerdings reichen dafür nicht ein paar Kilometer im flachen Gelände, man muss schon ins hügelige Vorgebirge gehen und den Test-Akku leerfahren, um einen Eindruck von seiner Leistungsfähigkeit zu bekommen. Diese Informationen sind meine eigenen Erfahrungswerte, für die ich keine Garantie übernehmen kann, weil sich die Hersteller mit der Herausgabe von Details sehr schwertun.

Zur Akkupflege gehört übrigens auch, dass man die Reifen immer mit dem optimalen Druck von ca. vier bar fährt, dann läuft das Rad leichter und verbraucht weniger Energie. Ein weiterer Faktor ist das Gesamtgewicht = Fahrer + Fahrrad-Gepäck, also nie unnötige Sachen mitschleppen, das kostet Akkukapazität.

Noch ein Wort zur Sicherheit von Lithium-Ionen- Akkus. Nach dem Stand der Technik, kann man davon ausgehen, dass Lithium-Ionen-Akkus bei sachgerechter Behandlung eigensicher sind. Wegen der sehr hohen Energiedichte dieser Akkus, kann es bei Unfällen zu Beschädigungen oder Kurzschlüssen kommen, die im Extremfall zur Überhitzung und zum Brand dieser Akkus führen. Mehr zu dem Thema finden Sie im Merkblatt des VdS - Verband der Sachversicherer:
http://vds.de/fileadmin/vds_publikationen/vds_3103_web.pdf

## Die Fahrradschlösser

Eine hundertprozentige Sicherheit gegen Diebstahl gibt es bei Fahrradschlössern nicht. Man sollte darauf achten, dass man zwei verschiedene Schlösser an seinem Rad mitführt, dann haben es Diebe schwerer. Ich empfehle ein Rahmenschloss am Hinterrad, mit dem man schnell mal sein Rad für ein paar Minuten sichern kann. Man sitzt im Straßen-Café und denkt, ich habe ja mein Rad im Blickwinkel, aber erfahrungsgemäß warten potentielle Diebe nur darauf, dass man abgelenkt ist oder gerade nicht hinschaut und dann ist es passiert. Für diesen Fall reicht es das Rahmenschloss zuzuschieben, denn ein Dieb müsste das etwas Schwerere, mitunter durch Packtaschen beschwerte Pedelec dann wegtragen. Stellt man das Pedelec unbeaufsichtigt ab, muss man es mit einem stabilen, festen Zaun, einem Rahmen, Laterne, oder ähnlichem zusammenschließen. Die sichersten Schlösser sind die sogenannten Bügelschlösser. Leider haben Sie den Nachteil, etwas unhandlich und sperrig zu sein. Da der Schließbügel nur das Hinterrad sperrt, kann man sein Rad schwer mit etwas Substantiellem zusammenschließen, was dann natürlich den schnellen Diebstahl schwieriger macht.

Bild: Bügelschloss von Abus

Besser geeignet sind daher die schweren Gliederketten- oder Gelenkplatten-Schlösser, dafür benötigt ein Dieb schon etwas länger, um es mit einer Handsäge oder einer Batterie-Flex-Maschine auseinander zu nehmen.
Hier finden Sie alles zu diesem Thema.

https://www.mountainbike-magazin.de/zubehoer/test-20-fahrradschloesser-12-buegel-und-8-faltschloesser/

Bild: Glieder-Faltschloss von Trelock

Obwohl gehärtete Stahlseil-Schlösser nicht ganz so sicher wie Bügelschlösser sind, eignen sie sich zum Anschließen oder zusammenschließen von Rädern am besten. Mit dem Bauhausbolzenschneider bekommt man sowas nicht kaputt. Hier gilt, je dicker das Seil oder die Kette, desto besser. Man sollte sein Rad nie in einer einsamen Straße, wo wenig Publikumsverkehr herrscht abstellen und anschließen. Je mehr Menschen sich um Ihr Fahrrad herumbewegen, desto besser. Denn hier, wird es kaum einem Dieb einfallen, mit dem Bolzenschneider oder der Flex eine Kette oder ein Seil zu knacken. Eher hat er es dann auf Ihre Packtaschen abgesehen. Lassen sie nur relativ „wertlose Sachen“, wie Wäsche oder alte Anoraks drin. Nie Foto-Ausrüstungen oder gar Geld, Handys, Handtaschen usw. Ziehen Sie immer Navigationsgeräte aus der Lenker-Halterung ab und stecken sie in die Jackentasche.

Grundsätzlich gilt nach meiner Erfahrung, dass ein flexibles Seil sicherer ist, als ein noch so dickes und schweres Stahlschloss, weil man es eigentlich nur mit einem sogenannten Wantenschneider knacken kann. Das sind Geräte, welche Segler zum Abtrennen von Wanten und Stagen, die den Mast halten schnell und sicher durchtrennen kann.

BAUDAT Wantenschneider SCSZ20

Sie sehen schon an der Länge 44 cm und der Schwere des Gerätes ca. 2 Kg das ein Dieb daran schwer zu schleppen hat. Dazu kommt ein recht hoher Einkaufspreis von 360 €.

Bild: Stahlseil-Schloss von Abus

# Fazit

Es gibt keine absolut sicheren Fahrradschlösser, aber man kann doch einiges dafür tun, dass es Diebe schwer haben. Schließen Sie Ihr wertvolles Fahrrad nach Möglichkeit in einer belebten Straße, mit dem Rahmen- Hinterradschloss ab und zusätzlich mit einer Kette, an etwas Festem an. Für das Schloss gibt es eine Anschlussöse, die mit dem Rahmenschloss gekoppelt ist, sodass man nicht ein Rahmen- und zusätzlich noch ein Kettenschloss benötigt. Das Seil hat eine Schlaufe mit der man das Rad an etwas Festem sichern kann, dass Schließende wird dann beim Abschließen in das kleine Loch am Schiebebügel gesteckt. Ein ziemlich gutes Mittel Gelegenheits-Diebe abzuschrecken ist, den Sattel mitzunehmen. Das lässt sich mit der Spannhebel-Schraube leicht bewerkstelligen. Um den Sattel schnell wieder einspannen zu können, habe ich an der Sattelstütze, eine Markierung für die Einstellhöhe des Sattels angebracht. Nach Möglichkeit sollte man auch die Vorderräder mit einer Kette zusammenschließen und/oder mit einem Stahlseil durch die Felge/n hindurch, mit dem Rahmen verbinden.

Bild: ABUS Amparo 4850 LH NKR Twinset Rahmenschloss und zusätzliche Kette

Leider ist das Rahmenschloss etwas empfindlich, man muss beim Abschließen aufpassen, dass die Kette frei hängt, sonst verbiegt sich der Schließbügel und die Leichtgängigkeit geht verloren. Meiner Ansicht nach hätte Abus hier einen besseren Stahl verwenden müssen, das würde auch die Aufbruch- Sicherheit verbessern.

Grundsätzlich sind aber mehrere unterschiedliche Schlösser besser als nur eines. Das ist gut zu realisieren, wenn man zu zweit unterwegs ist. Kriterien für die Sicherheit sind die Härte und die Festigkeit von Ketten, Bügeln, Gliedern, Seilen und vor allem von Schlössern. Gute Schlösser, sind mit mehrfach Schließungen an den Schlüsselbärten und seitlichen Stiftsichrungen gegen das sogenannte Pickering, also das Öffnen des Schlosses mit einem elektronischen Manipulations -Taster gesichert. Wir führen aus obengenannten Gründen für jedes Rad drei unterschiedliche Schlosssysteme mit. Beim zusammen und anschließen an einem festen Zaunpfosten oder ein Geländer sind das dann 6 Schlösser unterschiedlicher Art, die ein potentieller Dieb zu knacken hätte. Außerdem müsste er einen Wantenschneider und eine Akku-Flex mitbringen, um die Sicherungen zu knacken. Nachts gehören Fahrräder in abschließbare Räume, in den Fahrradkeller oder in die Garage, das verlangen auch die Versicherer.

## Die Bereifungen

Die Reifen sind bei jedem Rad ein außerordentlicher Sicherheitsfaktor, deshalb sollten Sie sich nur die Besten gönnen, denn der Sturz durch einen „Platten“ kann schlimme Folgen haben. Kauft man heutzutage ein Fahrrad, wird bei vielen Herstellern hauptsächlich aus Fernost, nur eine „Alibibereifung“ montiert, die nach einem Jahr abgefahren ist. Verlangen Sie Sicherheitsreifen, (z. B. von Schwalbe) die auch mal einen Nagel, eine Reiszwecke oder einen Dorn abkönnen, ohne den Luftgeist aufzugeben. Das sollte Sie aber nicht davon abhalten, Luftpumpe und Flickzeug mitzunehmen. Noch besser ist natürlich ein Ersatzschlauch. Wichtig ist auch die Dimensionierung der Reifen und wenn sie keine Rennen gewinnen müssen, sollten sie sich breite Reifen von mindestens 28-Zoll mit leichtem Straßenprofil aufziehen lassen, das erhöht den Komfort außerordentlich. Die mittlere Lauffläche darf keine groben Stollen haben, sonst hört es sich an, als ob eine Hummel vorbeifliegt. Außerdem verbrauchen Sie mit solchen Reifen zu viel Kraft, weil der Abrollwiderstand zu hoch wird, diese Reifentypen sind eher für Mountainbikes geeignet, weil dort die Rutschfestigkeit gefragt ist.

Der ADFC empfiehlt zwar Reifendrücke von 2 – 3 bar, beim Pedelec ist aber das höhere Gewicht und eventuell noch zwei Packtaschen mit einem Ersatz-Akku, Werkzeug und Wetterbekleidung zu berücksichtigen. Deshalb fahre ich nie unter vier bar.

## Gründe für die Anschaffung von Pedelecs

Die kurze Fahrt unter 20 km zur Arbeitsstelle! Sie möchten ja gern mit dem Rad fahren, aber Sie können dort nicht durchgeschwitzt ankommen.

Es ist zu weit zur Arbeitsstelle! Kaufen Sie sich ein Klapp-Pedelec und stellen Sie Ihr Auto am Stadtrand ab oder fahren Sie mit der Bahn und nehmen Sie das Pedelec als Ihr persönliches Taxi mit.

Freizeitaktivitäten, Radtouren, Fitness!

Leistungsabfall durch Krankheit!

Zeitersparnis bei Einkaufsaktivitäten und Besorgungen! In den Innenstädten ist man in der Regel mit dem Fahrrad schneller, außerdem entfallen die Parkplatzsuche und die dafür anfallenden Kosten und auch alle Knöllchen.

Probleme mit der Wirbelsäule oder den Gehwerkzeugen!

Schnell mal um die Ecke, oder zu Freunden!

Hund ausradeln! Jeder Hund lernt schnell „Geh Rad" und läuft an der Leine mit über Felder, Wiesen und Auen. Dabei sollte man die Leine nur lose in der Hand am Lenker mitführen, sodass man den Hund jederzeit loslassen kann, wenn man zu stürzen droht. Unsere brave Mekki lief nach einer Eingewöhnungszeit ohne Leine „bei Rad".

Stadtwohnung! Der Unterhalt eines Autos rechnet sich nicht, Sie möchten aber nicht ständig Taxis bezahlen oder haben es satt, die sich ständig ändernden Fahrpläne und Fahrzeiten von Bus und Bahn zu merken.

Sie haben kleine Kinder, die noch nicht Radfahren können! Kaufen Sie ein Pedelec und einen Fahrradanhänger für die Kleinen, der Motor zieht den Hänger mühelos hinterher, Sie können mit dem Teil natürlich auch Ihre Bierkisten und andere kleine und größere Einkäufe nach Hause bringen.

Ein Partner ist für das „ohne Motor fahren“ noch kräftig genug, der andere schnauft hinterher und kauft sich ein Pedelec. Mindestens am Berg schnauft jetzt plötzlich der „Normalradfahrer“ hinterher! Logisch, weil er am Berg die kleinen Gänge ohne Motor-Unterstützung treten muss. Oben angekommen sitzt der „Igel“ entspannt im Gras und sagt zum „Hasen: Ich bin schon da, haha. Unter Umständen wartet auf langen Steigstrecken, der Pedelec-Fahrer dann fünf- bis zehn Minuten, auf den anderen. Deshalb ist meine Devise, wenn Pedelecs angeschafft werden sollen, dann für beide Radler. Für die unterschiedliche Fitness, gibt es ja immer noch die Einstellmöglichkeiten Eco, Normal und Hight, die das Leistungsniveau wieder ausgleicht.

Sie lieben große Radtouren, kommen aber abends todmüde in Ihrem Hotel an, hauen sich ins Bett und der Abend ist gelaufen. Mit dem Pedelec, fahren Sie auch große Strecken entspannt und sind nach einer kurzen Regenerationszeit wieder fit.

Sie möchten Ihr Rad in den Urlaub mitnehmen, dann sollten Sie sich genau überlegen, ob Sie nicht stressfreier und ohne Autobahnstau mit der Bahn an Ihren Zielort reisen. Nachts können Sie Ihr Pedelec sogar im ICE mit Liegewagen mitnehmen, angekommen haben Sie Ihr eigenes Taxi gleich dabei. Haben Sie viel Gepäck, können Sie dieses vom Hotel abholen lassen. Und da gibt es noch einen gravierenden Vorteil. Wenn Sie sich auf das notwendigste Fahrradgepäck beschränken, können Sie kreuz und quer durch die Lande reisen und müssen nicht jeden Tag wieder zum Hotel zurück. Sie können Ihr Pedelec auch auf Flugreisen mitnehmen, wie das geht lesen Sie besser in diesem Internet Link:

http://extraenergy.org/main.php?language=de&id=19201

# Fragenkatalog zur Anschaffung eines Pedelecs?

Unsere Überlegungen ein Pärchen Pedelecs anzuschaffen, dauerten zwei bis drei Jahre, immer wenn das Thema zur Sprache kam, blockte meine Frau mit dem Einwand ab: >Ich kann noch „ganz normal“ Radfahren<. Dieses Argument hört man allgemein von fast allen Radlern. Das ist der Punkt, wo man „jein“ sagen muss. Es hängt von zu vielen Faktoren und Argumenten ab und vor allem, ob man im flachen Land oder im hügeligen Bergland wohnt. Man könnte damit ganze Bücher vollschreiben. Deshalb werde ich versuchen, dieses Thema mit einem Fragen-Katalog in die richtige Richtung zu lenken, damit Sie eine Entscheidungshilfe haben.

Würden Sie gern (noch) Radfahren, aber es ist Ihnen zu anstrengend?
Ja / Nein
Möchten Sie Kosten sparen?
Ja / Nein
Möchten sie Freizeit und Fitness optimieren?
Ja / Nein
Möchten sie Ihre Lebensqualität verbessern?
Ja / Nein
Wohnen Sie in bergigen Regionen?
Ja / Nein
Wohnen Sie im hügeligen Flachland
Ja / Nein

Wie alt sind Sie, über 60 Jahre?
Ja / Nein
Leben Sie in einer großen Stadt?
Ja / Nein
Sind Sie nicht mehr so fit?

Ja / Nein
Wollen Sie Ihre Fitness verbessern?
Ja / Nein
Fahren Sie schon immer Rad?
Ja / Nein
Fahren Sie gern Rad?
Ja / Nein
Möchten Sie das Rad für viele kleine Besorgungen einsetzen?
Ja / Nein
Können Sie mit dieser Anschaffung auf einen Zweitwagen verzichten?
Ja / Nein
Möchten Sie das E-Bike für kurze Besorgungen und für Ihre Freizeitgestaltung anschaffen?
Ja / Nein
Wenn Ihre Arbeitsstelle im Bereich von 15 – 20 km Entfernung liegt, könnten Sie mit dem Pedelec fahren?
Ja /Nein
Möchten Sie für kurze Besorgungen, in den Innenstädten Zeit und Parkgebühren sparen?
Ja /Nein
Möchten Sie gern größere Radtouren machen, aber abends nicht todmüde ins Bett fallen?
Ja / Nein
Kann Ihre Frau oder Ihr Mann beim Radeln nicht mehr mit Ihrer Geschwindigkeit mithalten?
Ja / Nein
Sind Sie durch Krankheit körperlich belastet, Sie könnten aber noch besser Radfahren als laufen?
Ja /Nein

Wenn Sie von diesen 20 Fragen mehr als die Hälfte mit Ja beantworten können, sollten Sie sich ein Pedelec zulegen.

# Jahres Fahrtzeiten - Radpflege und Tipps

Wir fuhren früher nur bei schönem Wetter, inzwischen macht uns das „Fahren mit Rückenwind=Pedelec“, fast das ganze Jahr hindurch einen Riesenspaß. Wenn es regnet, Frost gibt, schneit oder es ist glatt und morastig, fahren wir natürlich mit dem Auto. Bei Kälte sollte man eine Gesichtsmaske unter dem Helm überstreifen, aber bitte damit nicht in eine Bank reingehen! Und warme Sporthandschuhe tragen. Es empfiehlt sich grundsätzlich Fahrradhandschuhe zu tragen, denn, es gibt keinen Radfahrer, der nicht schon mal gestürzt ist, dann halten sich die Abschürfungen in Grenzen. Wichtig ist auch, dass die Innenflächen gepolstert sind, das mildert die Schwingungen, die vom Lenker auf die Hände übertragen werden. Aber auch die äußeren Handflächen werden gegen „Streifschüsse“ an Büschen, Bäumen und Mauern geschützt. Letztendlich haben wir auch noch Baseball Mützen und warme Fingerhandschuhe in der Fahrradtasche, wenn es mal kälter ist. Die Mützen benötigt man spätestens, wenn man den Fahrradhelm abnimmt um in einer Stadt oder anderswo herumzuschlendern.

# Kosten-Vergleichstabelle Auto – Pedelec

| Auf Grund meiner Erfahrungswerte mit dem Pedelec errechnete Kostentabelle für eine Lebensdauer von 10 Jahren | Stand 2021 |
|---|---|
| Anschaffungskosten Pedelec | 3000 € |
| Batteriekosten 1 Batterien a. 600 € | 600 € |
| Stromkosten ca. 1000 Ladungen | 300 € |
| Wartungskosten 180 € + Versicherung 20 € = pro Jahr 200,00 € | 2000 € |
| Summe: | 5900€ |
| Gesamtkosten für ein Jahr: | 590 € |
| Mittelwert der Kosten pro Km | 0,059 € |
| Kosten für 100.000 km | 5900,00 € |
| | |
| Kostenberechnung für einen Mittel-Klasse-PKW | |
| Anschaffungskosten | 35.000,00 € |
| Unterhalt monatlich + Kraftstoff für 10 Jahre | 5000,00 € |
| Summe: | 40000,00 € |
| Gesamtkosten für ein Jahr: | 4000,00 € |
| Mittelwert der Kosten pro km | 0,40 € |
| Kosten für 100.000 km | 40.000,00 € |
| | |
| Kosten-Vergleich: Auto - Pedelec | |
| Pedelec (10.000 km x 0,059) | 590,00 € |
| Auto (10.000 km x 0,40) | 4000,00 € |
| Also eine Kostenersparnis von pro Jahr | 3410,00 € |
| und für zwei Pedelecs immer noch | 2820,00 € |

Diese Zahlen sind natürlich abhängig von der gefahrenen Kilometer-Leistung und sollen nur als Anhaltspunkte dienen. Wie man sieht, ist z. Z. eine ziemlich große Kostenersparnis einem PKW gegenüber vorhanden, vor allem wenn man im PKW allein unterwegs ist. Nicht eingerechnet sind die gesparten Parkplatzsuchen und Parkgebühren sowie Strafzettel und teure Kollusions- Schäden am Auto. Diese Zahlen werden sich vermutlich in Zukunft noch deutlich zu Gunsten des Pedelecs verschieben, weil die Akkus immer billiger werden. Es ist zu empfehlen, eine gute Kombination aus Pedelec, Auto und den damit gefahrenen Kilometerleistungen im Auge zu behalten.

Was sich aber deutlich abzeichnet ist die hervorragende Ökobilanz des Pedelecs. In diese Rechnung werden nicht nur die Kosten pro gefahrenen Kilometer, sondern vor allem der Energieaufwand bei der Produktion von Fahrzeugen, der Herstellung von Infrastruktur und die Anzahl der Personen, die mit der aufgewendeten Energiemenge bewegt werden können, aufgenommen. In diesem Punkt ist das Pedelec nur von Segelschiffen zu schlagen.

## Prognose für die Zukunft des Pedelecs

Ein Prophet bin ich nicht, aber eines zeichnet sich inzwischen klar und deutlich ab. Die Elektrofahrrad-Revolution erobert die Straßen, sie ist nicht mehr aufzuhalten. Das Pedelec schließt die Lücke zwischen Bahn- Bus- und Autoverkehr. Jemand hat mal ausgerechnet, dass man mit der Energiedichte von einem Liter Kraftstoff 2000 km weit mit dem Pedelec fahren könnte, allerdings würde der mitzu führende Akku dann 90 kg wiegen, aber man kann ja einen kleineren nehmen und öfters nachladen. Wir können nur hoffen, dass sich die Leistungsfähigkeit und die Lebensdauer der Akkus weiter verbessern lassen.

Unsere Gesellschaft muss umdenken, zurück zur Einfachheit. Weniger teure Autos und weniger Autos in den Familien = weniger Autos in den Innenstädten. Alle einfachen kleinen Wege mit dem Rad erledigen und nebenbei fit bleiben, das spart Unsummen an Volksvermögen. In Zeiten von Geringverdienern und klammer Staats-Kassen kommt es geradezu wie gerufen, doch bisher haben noch zu wenige bemerkt, welch ein kostbares Geschenk wir da erhalten haben.

Was könnte man an Straßen, Ampeln, Verkehrsschildern und Umweltbelastungen einsparen, ein Segen für die Menschheit und die Volkswirtschaft, wenn, ja wenn die Politik endlich Fahrrädern den gleichen Status, wie dem vielgeliebten „Heiligsblechle", wie die Schwaben sagen, einräumen würde. Wenn man endlich Fahrradstraßen, statt so viel Autostraßen bauen würde. Es ist zu erwarten, dass durch die zunehmende Elektrofahrrad-Dichte die Verkehrsminister, Städte und Gemeinden genötigt sind, endlich mehr Radwege zu bauen, sonst haben wir bald auch noch einen Fahrradstau.

Aber keine Angst, jeder soll ja sein Auto behalten, nur meistens reicht es für die großen Fahrten in den Familien einen einzigen Wagen zu unterhalten. Natürlich muss man bereit sein, sich diesen auch zu teilen. Wenn die Wetterlage oder die Entfernungen das Radeln nicht zulassen, fahren wir natürlich auch Auto.

Wie ich aufgezeigt habe, ist das Pedelec mehr, als nur ein ökologisches Transportmittel oder nur Sportgerät. Es ist ein ideales Sport-Gerät, um den Menschen aus seiner Bewegungsarmut heraus zu holen und die gravierenden Folgen der Zivilisationskrankheiten abzumildern. Die Menschen leben heutzutage, fast nur noch in geschlossenen Räumen, die da sind: Das Auto, die Bahn, das Büro, die Fabrik, die Schule, ihr Zuhause und haben zu wenig Bewegung. Bei dieser Lebensweise verbrennen sie zu wenig Energie, sie werden dick, der Muskelapparat erschlafft und das Traggerüst – die Knochen und Gelenke, machen Beschwerden. Warum also nicht Radfahren. Während der Autofahrer genervt und ständig ums Überleben kämpfend, seinen Geldbeutel leert, erlebt der Radler das Grünen des Frühlings, die Hitze des Sommers, die Schönheit des Herbstes und die Kälte des Winters. Er bewegt sich an der frischen Luft und findet zu seiner Natur, aus der wir alle kommen zurück. Ganz nebenbei, stählt er seinen Körper, bleibt fit und verbessert sein Allgemeinbefinden. Mit einem Wort: Mehr Lebensqualität.

Das Pedelec, wird wegen seiner hohen Flexibilität, aus unserem Alltag, bald nicht mehr wegzudenken sein. Wer darüber noch genaueres wissen möchte, sei auf eine Arbeit der Kairos - Wirkungsforschung & Entwicklung gGmbH, (2008) in Vorarlberg verwiesen.
http://landrad.at/fileadmin/downloads/110103_bericht_landrad.pdf

## Der Fahrradsattel

Der Sattel ist für den Radfahrer das wichtigste Bauteil am Fahrrad, man sollte den Sattel, der mitgeliefert wird nicht kaufen. Verhandeln Sie einen Tausch und suchen Sie sich einen hochwertigen Gelsattel aus, natürlich getrennt nach Weiblein und Männlein, denn die Geschlechter haben eine unterschiedliche Anatomie. Deshalb gibt es für Damen breitere Sättel, weil die nun mal auch ein breiteres Becken haben, während Männer schmaler sitzen. Wichtig für einen guten Sitz ist, der Sattel darf nicht zu weich sein, sonst sitzt er sich in kurzer Zeit durch. Ist er zu hart, werden Sie auch keine Freude daran haben. Das Sitzen auf dem Fahrrad, hat eine äußerst wichtige Funktion, denn mit dem >Hintern< steuern Sie Ihr Rad, der Lenker ist dabei nur eine Unterstützung um Kurven zu fahren und den Oberkörper zu stabilisieren. Den Beweis hierfür liefert Ihnen jeder freihändig fahrende Radler. Geben Sie nicht gleich auf, wenn ihnen in den ersten Tagen der Allerwerteste weh tut. Die Einheit Sattel-Gesäß muss erst >eingesessen< werden. Vereinbaren Sie einen Satteltausch. Wenn Sie sich vergriffen haben, probieren Sie einen anderen aus. Ein guter Sattel darf ruhig 100 € kosten, zu teuer - nein, es heißt nicht umsonst: >Wer gut sitzt, der gut fährt<

Fragen Sie im Geschäft nach, ob man dort eine Becken-Breite Ermittlung durchführen kann. Dazu müssen Sie sich auf ein Stück Wellpappe setzen, dann drücken sich Ihre Sitzbeine in der Pappe ab. So können Sie exakt ermitteln, welche Sattel-Breite für Sie passt. Ein weiteres Kriterium für Sättel, ist die Seitenneigung des Sattels. Durch die auf- und ab Bewegungen der strampelnden Beine, wird jeweils die Seite des Sattels belastet, wo das Bein tritt, die andere Seite hebt sich etwas an. An älteren Sätteln, waren hinten Spiralfedern vorhanden, welche die Ausgleichsfunktion übernahmen. Heutige Sättel, haben hinten Gummistollen, die man noch mittels herausziehbaren Gummistreifen, weicher einstellen kann. Vor einiger Zeit hat sich ein sportradelnder Orthopäde des Sattelproblems angenommen und eine Reihe von Sätteln entworfen, die er sinnigerweise SQlab nannte. Gute Fachgeschäfte führen diese Sättel, einfach mal nachfragen es lohnt sich. Natürlich gehört zu einem guten Sattel auch eine gefederte Sattelstütze, welche die Stöße der Straße abfängt. Kaufen Sie auch hier nicht die billigste

Ausführung, so wie sie üblicherweise mitgeliefert wird. Auf unseren SQlab-Sätteln fahren wir Lammfellschutzhauben. Die federn auch noch etwas ab, schonen den Sattel und das Hinterteil, und verhindern nebenbei, dass der teure Sattel gestohlen wird, weil man einen solchen nicht unter dem Fell vermutet.

Bild: SQlab Herren-Sattel mit Teleskop-Sattelstütze, im Hintergrund auf der Mauer liegt die Fellmütze

## Was ist beim Kauf eines Pedelecs zu beachten

In letzter Zeit gingen wieder Horrorberichte, über zerbrochene Rahmen, Gabeln und Lenker durch Presse und Fernsehen. Es wird einfach behauptet, dass durch das höhere Gewicht von Pedelecs, diese Schäden entstehen würden, dabei ist das Pedelec nur ca. fünf bis acht kg schwerer. Danach müssten alle Fahrräder zusammenbrechen, wenn man sie mal mit ein paar kg mehr belastet. In Wahrheit liegt es daran, dass viele Pedelec-Hersteller Billigbauteile aus Fernost verbauen, die dann den Belastungen nicht gewachsen sind.

Der Schweizer Hersteller Flyer hat darauf reagiert und gibt deshalb auf seine Pedelecs, jetzt fünf Jahre und auf die Rahmen sogar zehn Jahre Garantie. Wenn Sie an weiteren Informationen interessiert sind, können Sie z. Z. den ADAC – Warentest unter folgender Adresse einsehen:
http://www.adac.de/infotestrat/tests/fahrrad-zubehoer-sport/pedelec

Allerdings sollte man den Fahrradtest eines Autolobbyisten mit kritischen Augen betrachten. Ich bin der Meinung, dass hier nicht ganz objektiv gearbeitet wurde, denn - solange es Fahrräder gibt, gibt es auch Rahmenbrüche, und das schon bei „ganz normalen Fahrrädern“ und solange es Autos gibt, sind auch schon Radaufhängungen gebrochen.

Weitere kritischen Stimmen zu diesem Test finden Sie auch im:
https://www.pedelecforum.de/forum/index.php

Doch die Hersteller sollten den Test nicht auf die leichte Schulter nehmen, er muss für sie Ansporn sein, bessere Qualitäten zu liefern. Kaufen Sie deshalb bei einem guten Fachhändler, der Ihnen einen entsprechenden Service und eine Fünf-Jahresgarantie bieten kann. Im Internet sparen Sie wohl ein paar Mark, die Sie am Ende mit Sicherheit wieder drauflegen werden. Für Akkus gilt das Gleiche, passt er nicht zum Pedelec, haben Sie ein Problem. Fahrradhändler und Akkuverkäufer werden den Fehler jeweils auf das Produkt des anderen schieben und Sie können das nicht beweisen.

Akku und Ladegerät sind wie Zwillinge, eine Einheit und nicht austauschbar und zu jedem Akku gehört ein individuelles

Ladegerät. Die Voll-Ladezeiten sollten höchsten drei bis vier Stunden betragen, fragen Sie das beim Händler nach. Lassen Sie sich Ihr Rad genau nach Ihren Körpermaßen zusammenstellen. Dabei ist es wichtig zu wissen, dass Fahrräder nicht nur nach den Felgenmaßen 24 – 28 Zoll gebaut werden, sondern auch alle anderen Rahmenmaße, wie Sattelrohrhöhe, Abstand - Lenksäule (Steuerrohr) und Sattelrohr, hergestellt und geliefert werden. Möchten Sie eher aufrecht sitzen, sollte dieser Abstand kürzer sein, wenn Sie sportlich fahren möchten, länger. Sie können "Ihr Rad" auch selbst ausmessen, denn im Internet finden Sie natürlich Rahmenrechner, wie Wikipedia und YouTube, wo die verschiedenen Rahmen besser erklärt werden, als ich es hier kann.
http://de.wikipedia.org/wiki/Fahrradrahmen
https://www.boc24.de/rahmenhoehe-rahmengroesse/
https://www.youtube.com/watch?v=CcHard9M6xo
Weitere Infos hier aus dem Internet entnommen:
http://www.google.de/imgres?imgurl=http://de-rec-fahrrad.de

## Messanleitung für die Rahmengrößen

Die Messanleitung ist für einen mit Gabel und Laufrädern aufgebauten Rahmen gedacht. Das Fahrrad sollte möglichst senkrecht und mit geradem Lenker an eine Wand gelehnt oder von einem Helfer gehalten werden. Als Werkzeug wird lediglich ein Zollstock und evtl. ein Geodreieck oder ein Stück Pappe benötigt. Damit kann beispielsweise bei der Messung der Länge EF der Gabel der Versatz zwischen Steuerlager und Radachse ausgeglichen werden. Die Skizze zeigt die für die Vermessung relevanten Punkte an Rahmen und Gabel. Die Messpunkte und die daraus abgeleiteten Maße unterscheiden sich teilweise von anderweitig üblichen Konventionen.

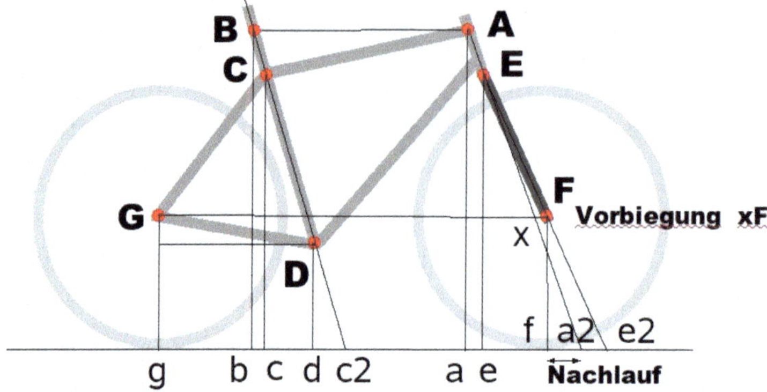


So wird beispielsweise die Länge des Sattelrohres oft bis zur Oberkante des Oberrohres oder bis zur Sattelklemme gemessen und nicht wie hier vorgeschlagen bis zur Mitte des Oberrohres. Die Auswahl der Messpunkte orientiert sich an dem Ziel das Messerfahren vergleichsweise einfach zu gestalten und dabei konsistente Ergebnisse zu erhalten, die möglichst unabhängig von Details des Rahmenbaus wie dem Durchmesser der Rahmenrohre oder dem Überstand des Sattelrohrs sind. Punkte zum Vermessen können mit wasserlöslichem Filzstift oder einem Stückchen Klebeband markiert werden:

- A: Schnittstelle der Mitten von Oberrohr und Steuerrohr
- B: Punkt auf Sattelrohr mit gleicher Höhe wie Punkt A
- C: Schnittstelle der Mitten von Oberrohr und Sattelrohr; bei Rahmen mit waagrechtem Oberrohr fallen die Punkte B und C zusammen
- D: Mitte der Tretlagerwelle; Mitte der Kurbel
- E: oberster sichtbarer Punkt der Gabel; unteres Ende des Steuerrohrs einschließlich Steuerlager
- F: Zentrum der vorderen Nabenachse
- G: Zentrum der hinteren Nabenachse

Maße, die sich direkt durch Abstände und Höhen dieser Punkte ergeben:

- Höhe F: Radius des Vorderrads (Reifengröße angeben)
- Höhe G: Radius des Hinterrads (Reifengröße angeben)
- FG: Radstand
- AC: Länge des Oberrohrs
- AB: effektive Länge des Oberrohrs
- AE: Länge des Steuerrohrs
- CD: Länge des Sattelrohrs
- DG: Länge der Kettenstreben
- EF: Länge der Gabel
- Höhe D: Höhe des Tretlagers (Reifengröße angeben)

Wichtig ist bei einem Fahrrad vor allem der sogenannte Vorlauf des Vorderrades. Das kann man bei den sogenannten Hollandrädern gut erkennen, weil die Gabel unten an der Vorderrad-Nabe einen großen Bogen nach vorn besitzt. Das heißt, die Vorderradnabe ist vor der Steuersäulenachse, nach vorn versetzt. Solche Räder haben in den Kurven ein sehr gemütliches Lenkverhalten. Je kürzer der Vorlauf ist, desto schwieriger werden Sie in enge Kurven einlenken können.

Da die modernen Räder fast alle eine Teleskop-Gabel besitzen, wird der Vorlauf meistens nur durch das schräg nach vorn Stellen der Gabel und die Anbringung der Vorderradnabe vor der Gabel erreicht.

Passen Sie auf, dass der Händler Ihnen einen neuen Akku verkauft, das ist in der Regel gewährleistet, wenn Sie sich Ihr Pedelec in aller Ruhe nach Ihren Körpermaßen und den technischen Details im Herbst zusammenstellen und es sich zum

Saisonanfang, also etwa März, ab Werk liefern lassen. Kaufen Sie ein Rad aus der Ausstellung des Händlers, sollten Sie darauf bestehen, dass er Ihnen einen nagelneuen Akku dazu gibt, originalverpackt versteht sich, denn Sie wissen natürlich nie, wie lange diese Ausstellungs-Räder mit den Akkus schon im Laden für Probefahrten zur Verfügung stehen und wie oft die Akkus schon mal aufgeladen wurden, bzw. wie alt die Akkus sind.

Verlangen Sie beim Kauf eine Gebrauchsanweisung für Ihr Pedelec und für den Akku! Sie werden fragen warum, mit Rädern kenne ich mich doch gut aus - jein, mit Normallrädern vielleicht, aber - wie Sie ja aus dem Vorangegangenem nun wissen, ist das Pedelec etwas komplizierter und da benötigt man unbedingt ein paar technische Informationen, will man an dem Teil etwas länger seine Freude haben.

Welche Zusatz-Bauteile gibt es für Ihr Pedelec und was ist sinnvoll zu kaufen, denn wie beim Autokauf summieren sich diese Extras schnell zu einem Aufpreis, für den man auch ein billiges Normal-Rad kaufen könnte.

Die angebrachte >Standard-Klingel< hat meist nur eine Alibifunktion und wird nach kurzer Zeit den Geist aufgeben. Verlangen Sie eine Vollmetallklingel, die sollte bei einem Durchschnittspreis von 2000 – 3500 € für ein Pedelec schon mit drin sein.

Ein Fahrrad muss einen Diebstahlschutz haben, es reicht also nicht, wenn Sie das Felgenschloss durch das Hinterrad zuschieben. Räder sollten schon noch irgendwo an einem Geländer oder Zaun angeschlossen, oder auch nur zwei Räder zusammengeschlossen werden. Natürlich muss es auch eine Fahrradstütze am linken Hinterrad haben, damit man es sicher abstellen kann.

Die Vorderradgabel muss eine gute, verstellbare Teleskop-Federung mit den Funktionen Off und Lock besitzen. Sie ist das A und O des modernen Radfahrens, weil sie zuverlässig die Stöße, die das Vorderrad auf die Gabel und den Lenker überträgt abfedert. Ihre wichtigste Aufgabe ist die Stoßdämpfer-Funktion, damit Ihr Vorder-Rad den Bodenkontakt nicht verliert.

Wenn Sie Radtouren machen und Ihr Pedelec mit dem Auto-Fahrradträger oder im Wohnmobil mitnehmen möchten, empfehle ich den Speed-Lifter an der Lenkerstütze. Damit können Sie den Lenker querstellen und die Lenkerstütze einfahren.

Hier sieht man auch sehr deutlich, dass der weiter oben erwähnte Vorlauf des Vorder-Rades, nur durch die nach vorn versetzter Radnabe unten an der Gabel, konstruktionsbedingt erreicht wird.

Ganz wichtig für Arme und Hände, ist eine breite Griffauflage, die ein Verkrampfen, der ständig den Erschütterungen ausgesetzten Handflächen und der Finger verhindern helfen.

Bild: Schnellverstellung des Lenkers in Querstellung beim Flyer „Speed-Lifter“ genannt und die Stoßdämpfer-Gabel

Wenn Sie Ihr Rad öfters mit dem Auto transportieren möchten, sollten Sie es mit Klapppedalen ausstatten lassen, so sind Sie gut für Ihre Touren gerüstet. Allerdings rate von Fahrradanhängern ab, die nur an der Heckklappe montiert werden. Solche Konstruktionen, habe ich schon am Straßenrand liegen gesehen. Lassen sie sich besser eine Anhängerkupplung montieren.

Bild: Ergonomischer Griff und Display, mit den Bedienungstastern und den wichtigsten Anzeigen:
Motor-Leistungsstufe, Geschwindigkeit in km/h, Tages- und insgesamt gefahrene Kilometer beim "alten Flyer".

## Der Fahrradspiegel

Montieren Sie sich einen großen Rückspiegel an den Lenker. Der hier montierte Fahrradspiegel ist aus dem Moped-Bereich entliehen, weil es im Handel für Fahrräder, leider keine brauchbaren Spiegel gibt. Es handelt sich um den Nachbau des DDR-Moped Schwalbe-Spiegels. Allerdings habe ich mir die Halterung aus anderen Bauteilen der Industriefertigung selber angefertigt. Schwalbe-Spiegel gibt es bei E-Bay, die Halterung auch. Der Hersteller wurde von mir aufgefordert, diesen genialen Spiegel auch mit einem stabilem Edelstahl-Lenker-Halterung auch für Fahrräder anzubieten.
https://www.ebay.de/itm/292216934469?hash=item44097c9045:g:ttIAAOSwoUdXsu3m

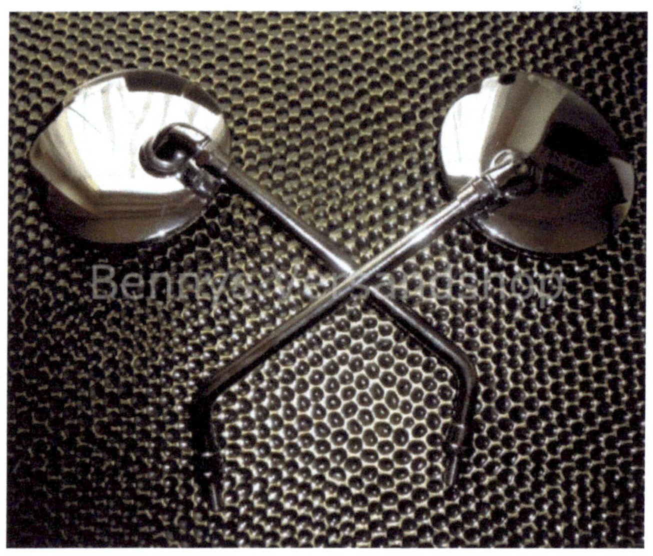

Link und Bild aus Ebay:
http://www.ebay.de/itm/1-Paar-neuer-verchromter-Spiegel-Simson-Schwalbe-KR-51-2-Moped-Mokick
Bennys Versandshop, Bernd Käschner Dessau

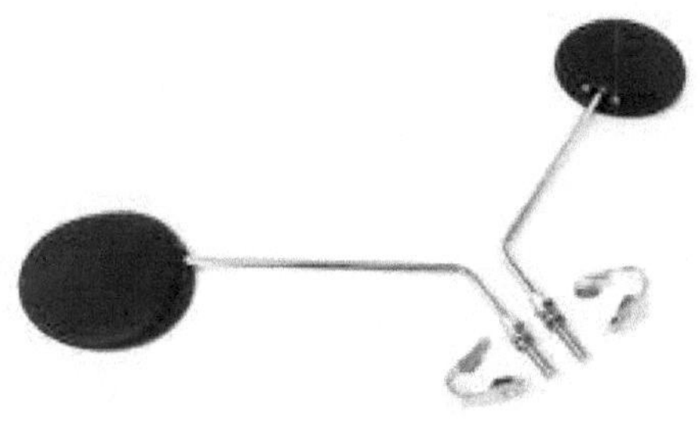

Der ideale Fahrradspiegel von der Schwalbe, ein ehemaliges DDR-Moped, der inzwischen wiederhergestellt wird.

Sie benötigen im heutigen Straßenverkehr unbedingt einen Spiegel, oder würden Sie mit Ihrem Auto ohne Spiegel fahren? bestimmt nicht. Leider gibt es kaum Fahrradspiegel, die diesen Namen verdienen. Für unsere Pedelecs habe ich in vier Jahren, alles was am Markt erhältlich war ausprobiert, es war hoffnungslos. Entweder sie brachen ab, verstellten sich schon durch die auftretenden Erschütterungen des Lenkers, man konnte bei manchen durch das Flattern nur Zerrbilder sehen oder die konvexe Spiegelfläche bildete alles so klein ab, dass man ein Auto erst sah, wenn es fünf Meter hinten dran war. Wenn Sie also einen Spiegel kaufen, lassen Sie sich ihn an den Lenker schrauben und testen Sie einen ganzen Tag lang. Dieses Problem habe ich gelöst, indem ich für unsere Räder Motorroller-Spiegel kaufte und sie in das linke Ende des Lenkers-Rohres einbaute.

Wie schon erwähnt, gibt es bei manchen Herstellern Für das Pedelec Schiebehilfen und das ist wirklich keine Spielerei. Wenn Sie mal mit der Deutschen Bundesbahn und dem Pedelec-Fahrrad unterwegs gewesen sind, wissen Sie wovon ich schreibe.

Jedes moderne Fahrrad ist heutzutage mit einem Nabendynamo und einer LED-Beleuchtung ausgerüstet, die eine hervorragende Ausleuchtung der Straße bietet, darauf sollten Sie Wert legen.

Über gute Bremsen habe ich schon weiter oben referiert, >nehmen Sie die guten< Sie werden es nicht bereuen, denn Sie fahren mit dem Pedelec eben schneller, als mit dem >Normalrad<, deshalb benötigen Sie auch bessere Bremsen.

Da das Pedelec mit seiner Motor-Akku-Kombination von Haus aus schon etwa 5 – 8 kg mehr wiegt, muss Gewicht eingespart werden. Deshalb werden gute Pedelecs als Vollaluminium-Version angeboten. Sportliche Fahrer trinken viel, ob Sie eine Halterung für Ihre Trinkflasche benötigen, ist Geschmackssache. Wenn Sie jedoch Zeit haben, stecken Sie Ihre Trinkflasche in die Packtasche, ich finde immer die Zeit für eine Pause, um etwas zu trinken, dass sollte man sich gönnen. Außerdem ist es nicht ganz ungefährlich, während der Fahrt zu trinken, das ist etwas für Radrennfahrer. Bei der Rahmen Anhängung verschmutzen die Flaschen sehr schnell und man kann sie auch verlieren.

Wie schon weiter oben erwähnt, sollten Sie sich alle Bauteile, Rahmen, Lenker, Sattel, Klingel, Gepäckträger, vor allem die Beleuchtung und Verkabelung genau ansehen. Besonders die Plastikteile, hier wird von den Kunststoff-Bauteile-Herstellern am meisten geschludert. Lampen, Kilometeranzeigen und offen verlegte Kabel, sind an Fahrrädern besonders gefährdet, deshalb sollten sie durch Kabelschläuche geschützt sein. Man bleibt schnell mal irgendwo hängen und der Plastik-Kettenschutz, reißt an der einen kleinen Schraube ab, an der er befestigt war. (Mangel bei Flyer, der bisher nicht abgestellt wurde.)

Mein letzter Tipp klingt vielleicht banal, aber denken Sie immer daran, dass die Händler oft nur mit Aushilfspersonal arbeiten, die in „Kurzlehrgängen“ mit Fahrrädern und der völlig unbekannten, neuen Technik des Pedelecs vertraut gemacht werden. Sie arbeiten meistens auf Provisionsbasis und wollen nur Ihr Bestes haben, nämlich Ihr Geld. Letztendlich ist es wie bei den Banken, nur was Sie schwarz auf weiß besitzen, können Sie getrost nachhause tragen. Machen Sie sich deshalb eine Liste mit allen Fragen und notieren Sie die Antworten. Sie werden überrascht sein, wie vorsichtig die gewandtesten Verkaufsstrategen plötzlich auf Ihre gezielten Fragen reagieren, wenn sie merken, dass ihnen kein unwissendes Opfer in die Hände gefallen ist.

## Navigationsgeräte und ADFC-Fahrradwege

Schon in unserer elektrofreien Radfahrzeit, hatten wir ständig Probleme mit der Suche nach Fahrradwegen. Die meisten endeten immer an den Ortsgrenzen. Wir kauften uns Fahrradwegekarten ohne Ende. Dieses Problem kennt wohl jeder Radfahrer. An jeder Ecke muss man die Karte studieren, Leute fragen, sich verfahren oder man kann nicht ermitteln, an welcher Stelle man sich auf der Karte gerade befindet. Es ist immer das Gleiche, überall gibt es Hinweisschilder für Autofahrer, aber an Radfahrer denken unsere Verkehrsminister nicht. Diese mindere Rasse, eigentlich spinnerte Exoten, sollen doch sehen wie sie klarkommen. Findet man Hinweisschilder, so stammen sie hauptsächlich vom ADFC = Allgemeiner Deutscher Fahrrad-Club. Dieses Problem bekamen wir erst mit der Anschaffung eines Fahrrad-Navigations-Gerätes in den Griff. Jetzt können wir, auch in uns völlig unbekannten Gegenden unbeschwert radeln und erreichen unsere Ziele meistens ohne große Probleme.

Fahrradnavigations-Geräte gibt es von vielen Herstellern, z. B. Garmin, Falk, Teasi. Wir benutzen eines von Falk, Kostenpunkt ca. 340 €, inclusive digitales Kartenmaterial für Europa. Inzwischen gibt es auch Asiatische Geräte. Das a-rival Teasi One[3] - Outdoor-Navigationsgerät inkl. Werkzeug & Tasche, kostet nur 150,00 €, mit dem Kartenmaterial von ganz Europa. Diese billigeren Geräte erreichen aber nicht ganz den Komfort wie der Falk, erfüllen aber alle Aufgaben zufriedenstellend. Allerdings ist das Kartenmaterial vom ADFC bei weiten besser.

Beachten Sie beim Pedelec-Kauf, ob ein USB oder ein Europagenormter Handykabel-Anschluss am Fahrrad-Display vorhanden ist, damit Sie Ihre Geräte, ob Handy oder Navi während der Fahrt aufladen können.

Eine Fahrradhalterung wird immer mitgeliefert. Unsere Navigations-Geräte, hatte ich früher schon an die Stromversorgung der LED-Leuchten 5 V, über einen USB-Ministecker und Steckkabelschuhe, die ich an das Kabel angelötet hatte, angeschlossen. So brauchte ich mich unterwegs nicht um volle Navi-Akkus kümmern. Wenn Ihr Pedelec also keine Standard-USB oder Norm-Handy-Steckdose verfügt, können Sie den Strom auch bei den LED-Leuchten anzapfen. An der Lampe sind meistens doppelte Anschluss-Zapfen vorhanden. Die Polung ist einfach - rot = plus - schwarz = minus, die anderen Datenkabel bleiben "blind", man kann sich das auch in Internet ansehen. Inzwischen sind an vielen Pedelecs-Displays, für Mini USB-Stecker - "Steckdosen" vorhanden, die zum Aufladen von Handys und Navigationsgeräten und vermutlich auch zum Auslesen von Daten dienen. Auf den Navigatoren ist digitales Standard-Kartenmaterial vorhanden, so wie bei Autonavigationsgeräten üblich. Die Geräte werden ähnlich wie Autonavigationsgräte bedient. Die zusätzlichen digitalen Vector-Karten sind hauptsächlich vom ADFC >erfahren< worden, d. h. jeder Meter, wurde von Clubmitgliedern abgefahren und alles wird ständig aktualisiert. Die Karten kann man auf den Computer installieren und ähnlich wie im Google Earth, mit einem mitgelieferten Programm, auf der Karte seine Routen mit dem Mauszeiger als Linie vorbestimmen und die Dateien auf das Navigationssystem übertragen. Auf dem Display erscheint dann der vorbereitete ADFC Radweg, den man abfahren kann und zusätzlich auch alle POIs, (Points of Interrest – interessante Punkte) wie Krankenhäuser, Hotels, Gaststätten, Bahnhöfe, Sehenswürdigkeiten, usw. die man in die Navigation einbinden kann. Als Zusatzfunktion kann man auf den Geräten auch die Funktion: >Fußgänger < wählen, was für Wanderungen sehr hilfreich ist.

Kleiner Tipp: Sie möchten nur so in der Gegend herum radeln, eine „Fahrt ins Blaue“ unternehmen. Stellen Sie auf Ihrem Navi nur die Straße in der Sie gerade "wohnen" als Ziel ein und fahren einfach los. Das System zeigt Ihnen immer an, wo Sie sich befinden und wie viel km es >nachhause< sind. So können Sie immer sehen, wie weit Sie von Ihrem Home-Point (Zuhause) entfernt sind und Ihre Rückfahrt darauf einstellen. Ab dem Zeitpunkt, wo Sie Ihrem Navi folgen, wird es sie an Ihren Ausgangspunkt zurückbringen. Diese Fahrrad-Navi‘ s können natürlich auch beim Wandern, oder bei Stadterkundungen zu Fuß eingesetzt werden und leisten dabei hervorragendes. Nur Autonavigation können sie nicht.

## Navigation mit iPhone-iPod-Android-Smartphon

Das bisherige Angebot von Google-Maps für Androide Smart-Phones, wurde nun auch für Radfahrer erweitert, in Deutschland und Österreich mit den ADFC Kartenmaterial, sodass man sich von maps.google.com/Android, ein App herunterladen kann. Die Richtung-Ansage auf diesen Geräten ist mit dem Kopfhörer möglich. Man kann das Kartenmaterial auch herunterladen und es offline verwenden. Das macht Sinn, wenn man nur eine kleine Flatrate hat, oder sich in Gebieten bewegt, wo die Netzversorgung nicht optimal ist. Über Google Maps kann jeder Nutzer zur Verbesserung und Aktualisierung der Wegenetze beitragen. Dazu muss man sich bei Google-Maps anmelden und kann dann seine Änderungswünsche eintragen. Was bisher nicht geht, ist ein sogenanntes Routing, also die Vorplanung einer Strecke wie bei Falk, zuhause am Computer, wo man seine Radtouren in das Kartenmaterial einzeichnen und dann mit dem Rad abfahren kann. Für das Apple System iOS gibt es ebenfalls Fahrrad-App‘ s, die man sich auf sein IPod herunterladen kann. www.bikecityguide.org/de. Die Nutzung ist auch auf den PCs und Tablets möglich. Bei E-Bay oder anderen Anbietern bekommt man entsprechende Fahrradhalterungen für das Smartphone. Oft hat man keinen Netzempfang, dann hilft ein Hotspot von GlocalMe oder Netgeare, auf dem Sie das WLAN mit Ihrem Handy nutzen können.

Foto: Fahrradmagazin.de

# Verkehrsprobleme und sicheres Fahren

*Machen sie sich das Radfahren zu eigen,*
*bevor sie in ein Auto einsteigen.*

*Rei©Men*

Soll heißen, wenn Sie öfters mit dem Fahrrad durch die Stadt fahren, lernen Sie die Autofahrer von ihrer schlechtesten Seite kennen. Das ist die beste Methode Aufmerksamkeit und Rücksichtnahme mit schwächeren Verkehrsteilnehmern zu üben. Fährt man mit dem Fahrrad das erste Mal durch >seine Stadt<, bekommt man tausend Probleme, die man mit dem Auto nicht hatte. Es ist kolossal schwer, sich ohne Knautschzone durch den Autoverkehr durchzumogeln. Es hat schon etwas Beängstigendes, wenn von allen Seiten diese schnellen, teilweise rücksichtslosen Fahrzeuge auf einen zurasen. Man muss höllisch aufpassen, sozusagen neu - Radfahren lernen. Nach einiger Zeit kennt man alle Fahrradwege, Umfahrungen, Ausweichstrecken und Radwege in seiner Umgebung. Es ist ein richtiges Abenteuer, alles kennen zu lernen, was mit dem Rad möglich ist. Mit der Zeit lernt man auch, sich so zu verhalten, dass die Autofahrer den Radfahrer als gleichberechtigten Verkehrsteilnehmer wahrnehmen. Man muss sich eine gewisse Frechheit gegenüber Autofahrern angewöhnen, sichtbar, deutlich und mit eingeschaltetem Licht fahren, so wird man wahrgenommen und respektiert. Man braucht ein dickes Fell und einen breiten Rücken um an Engstellen so zu fahren, als wäre man ein Auto. Sie lesen richtig, ein Radfahrer, der sich an einer Engstelle bei einer Verkehrsinsel zu zaghaft verhält, wird von Autofahrern gnadenlos an den Rand gequetscht, geschnitten und mit 20 cm Abstand passiert, da gibt es nur ein Rezept - wenn die Straßenbreite das Überholen eines LKWs, oder PKWs nicht zulässt, in der Straßen-Mitte fahren, niemand mehr vorbeilassen, dabei kommt Ihnen Ihre Pedelec-Schnelligkeit sehr entgegen, weil sie fast so schnell wie die Autos unterwegs sind. Keine Bange, Sie haben alle Verkehrsregeln auf Ihrer Seite, denn im Grunde benötigt der Radfahrer mit seinen gelegentlichen Ausschlenkern, genau so viel Platz wie ein Auto, nämlich 2,50 m. Ein Autolenker muss zu Radfahrern ca. 1,5 m Abstand halten, da der Radler 0,65 m breit ist und vom rechten Straßen-Rand auch noch 0,80 m Abstand halten darf, sind diese 2,50 m noch recht knapp bemessen. Was viele Radler auch nicht wissen, sie müssen von parkenden Autotüren soweit wegbleiben, dass sie nicht gegen eine zufällig geöffnete Tür knallen können, daher die 1,5 m Abstand zum Straßenrand. Zu dem Thema gibt es sogar Gerichtsurteile, siehe hierzu auch die Website des ADFC - Allgemeiner Deutscher Fahrrad Club. Sie sollten also beim Passieren von parkenden Fahrzeugen, immer genau hinschauen, ob noch jemand drinsitzt, der im nächsten Moment die Tür aufreißen könnte. Wenn Sie bei der Annäherung in den Rückspiegel der stehenden Fahrzeuge reinschauen, sehen Sie auch recht gut, ob noch ein Fahrer am Steuer sitzt. Auch vor Ampelschlangen steigen schnell mal Beifahrer, auf der rechten Seite aus, ohne vorher nach hinten zu schauen.

https://kreisverbaende.adfc-nrw.de/kv-bottrop/radverkehr/wo-radfahren.html

Das bedeutet natürlich, dass viele Radwege in den Städten überhaupt nicht sicher befahren werden können. Aber, wir sind ja schon froh, dass es sie überhaupt gibt und wir nehmen alle mögliche Rücksicht auf die Autofahrer, fahren wenn möglich schnell wieder an den Straßenrand und lassen sie durch. Was Autofahrer auch selten beachten ist, dass die Radwege oftmals nur an einem Straßenrand und dann noch auf der „falschen Seite“ und zu allem Übel auch noch auf dem Bürgersteig ausgewiesen werden. Der Radler bewegt sich sozusagen gegen die Fahrtrichtung der Autos. Kommt nun ein Auto aus einer Seitenstraße, die fahren ja heutzutage auf „Spitz und Knopf“ ohne rechts und links zu schauen auf die Bordsteinkante vor, um dann nach rechts, oder links raus zu schießen. Viele wissen nicht einmal, dass ein Auto-Fahrer, der auf der Vorfahrtsstraße von rechts oder links kommt, je nach Verkehrssituation auch berechtigt ist seine linke, also die andere Fahrbahnseite, sofern sie frei ist, „mitzubenutzen“, z. B. um zu überholen. Auf einen in der „falschen Richtung“ daherkommenden Radler, kann man da natürlich auch nicht achten. Äußerste Vorsicht ist also geboten, wenn man sich auf dem linken Radweg bewegt. Ein großes Problem ist, dass Autofahrer fast immer zu schnell auf Radler zustürmen. Da gibt es ein paar Situationen im Begegnungsverkehr, die den Radler zum Wahnsinn treiben:

1. Autofahrer fahren beim Überholen, oder Entgegenkommen zu dicht an Radlern vorbei, man hat den Eindruck, dass manche 20 cm Abstand für ausreichend halten, selbst wenn sie mit 50 bis 80 km/h unterwegs sind.
2. Kommt dem Radler auf einer schmalen Straße oder an Engstellen ein Autofahrer entgegen, denkt der fast nie daran seine Geschwindigkeit zu reduzieren. Da ich nicht lebensmüde bin, fahre ich in der Straßenmitte weiter, egal ob einer von hinten oder von vorn kommt, so wie es der Autofahrer auch tut, ich beobachte ihn genau, auch im Spiegel, was er macht und dann passiert das Wunder, er verzögert, nun kann ich einigermaßen sicher wieder an den rechten Straßenrand fahren und dem Autofahrer freundlichst dafür danken, dass er mich am Leben gelassen hat. Aber Vorsicht, die genannten Manöver dürfen nur unter alleräußerster Vorsicht und nur, wenn nach vorn und hinten noch genug Straße vorhanden ist, angewandt werden, sonst rate ich dem Radler lieber in die Wiese oder auf den Bürgersteig zu flüchten.

3. In die für den Radler gefährlichste Situation, kann man sehr schnell kommen, wenn man sich beim Linksabbiegen auf einer viel befahrenen Straße in der Mitte einordnet, als wäre man ein Auto. Dann flitzen die Autofahrer rechts und links an Ihnen vorbei und Sie sitzen in der Mausefalle. Die Entgegen-Kommer lassen den Radler nicht rüber, die von hinten klemmen ihn wie zwischen Mühlsteinen ein, keiner macht was falsch, oder? Aber wenn nur eine klitzekleine Störung auftritt, sind Sie tot. Ich rate deshalb am Straßenrand so lange zu warten, bis die Straße in beiden Richtungen autofrei ist. In manchen Verkehrssituationen, z. B. an großen Kreuzungen, sollte man als Radler, besser in der Mitte der Fahrbahn stehen bleiben und die Hand links raushalten, so wird man weder links noch rechts überholt und oh Wunder, auch nicht angehupt. Stellt man sich dagegen an die linke oder rechte Seite der Fahrspur, nimmt bestimmt niemand Rücksicht. Aus meiner Erfahrung heraus kann ich jedem Radfahrer nur raten sehr auffällig, selbstbewusst und mit greller Kleidung zu fahren, genau so, als hätte er ein Auto unter dem Hintern, denn in Stadtverkehr sind gute Radfahrer und speziell Pedelecs, oft schneller als Autofahrer.
4. Versuchen Sie mal mit ein paar Radlern über eine viel befahrene Straße zu kommen. Obwohl die Straßenverkehrsordnung vorgibt, dass Radfahrergruppen von Autofahrern rüber gelassen werden müssen, hält sich niemand daran. Na klar, es ist ja nicht bekannt und es hat ja wegen dieses Vergehens, auch noch niemand einen Strafzettel bekommen. Versuchen Sie in dieser Situation einmal mit Fahrrädern über die Straße zu kommen. Sie werden es nicht schaffen. Wir kennen da eine Landstraße, die wir regelmäßig überqueren müssen. Jedes Mal schweben wir in Lebensgefahr. Da können Sie versuchen was sie wollen, keiner lässt sie rüber, da wird gnadenlos alles zusammengehupt. Einmal schafften wir es in einer kleinen Fahrzeug-Lücke so schnell wie es ging rüberzukommen, schon quietschten die Bremsen,

da war einer der bremste und uns rüber winkte, ein unaufmerksamer Zeitgenosse dem es nicht mehr reichte, musste sogar noch in die Wiese fahren, sonst hätte es gekracht. Deutscher Autofahreralltag, rasen, dicht Auffahren und davon träumen, dass die Straßen nur für ihn allein da sind.

*Hallo Autofahrer:*

*Hupen Sie nie einen Radfahrer an, der reagiert äußerst gereizt: Warum? Weil er selber nur eine Klingel hat und nicht zurückhupen kann.*

*Rei©Men*

Das oben erwähnte Überlebenstraining gilt natürlich auch für enge Kreisverkehre, nie in der Ausfahrt am rechten Rand fahren, sonst kommen Sie unter die Räder, besonders unter die von LKW, s mit Anhängern und Gliederbussen. Immer schön in der Mitte fahren und auch die Kreisverkehrsausfahrt mittig passieren, denn im Kreisverkehr fahren alle recht langsam, Sie halten den Verkehr nicht wesentlich auf.

Eigenartiger Weise gewähren viele Autofahrer an Fußgängerüberwegen dem Radler das Überqueren des Zebrastreifens und halten an, weil sie nicht wissen, dass der Radler nur >Vorrang< hat, wenn er >mit grüner Fahrrad-Ampel<, auf einem Radweg fährt. Nur wenn der Radfahrer sein Rad über den Zebrastreifen schiebt, hat er Vorrang. Also Vorsicht! Sie dürfen auch bei „Grün“ an Fußgängerampeln nicht einfach drüber radeln, Sie sind mit dem Rad nur Fußgänger, also absteigen und schieben. An Radfahrerampeln darf natürlich rüber geradelt werden, wenn die Ampel grün zeigt. Es versteht sich von selbst, dass man bei hohem Fußgängerverkehr sein Rad schiebt, auch auf Bürgersteigen und in Fußgängerzonen die für den Radverkehr freigegeben sind, in denen man aber mit der nötigen Vorsicht radeln darf. Besondere Vorsicht gilt, wenn Kinder, alte Leute, Frauen mit Kinderwagen und Hunde auftauchen. An Engstellen, die man nicht einsehen kann gilt: Schritttempo fahren, oder notfalls absteigen. Ein großes Ärgernis, nicht nur für Fußgänger, sondern auch für disziplinierte Radler, sind die sogenannten >Kampfradler<, das sind Leute, für die die Straßenverkehrsordnung nicht existiert. Hier ist vor allem der Staat gefordert, der es aus Kostengründen vernachlässigt, an neuralgischen Punkten den Rad-Verkehr zu überwachen. Überhaupt, sind ja Verkehrspolizisten aus dem Straßenbild vollkommen verschwunden, wenn sie dann doch mal auftauchen, sitzen sie in ihren Autos und fahren zum aktuellen Verkehrsunfall, den sie eigentlich durch Ihre Präsens auf den Straßen, hätten verhindern sollen.

## Reparatursets-Wartungsarbeiten-Pannenhilfe

Entfernen Sie zuerst den Akku, egal welche Arbeiten Sie am Elektrorad ausführen möchten.

Sie besitzen eigentlich ein gefährliches elektrisches Gerät, das zwar keine tödlichen Stromschläge abgibt, es gilt jedoch der gleiche Grundsatz wie für alle Elektrowerkzeuge und Maschinen: Zuerst den Stecker abziehen oder absolut stromfrei schalten, erst danach daran arbeiten. Nehmen wir mal an, Sie wollen die Kette putzen, kommen ohne es zu merken an den Einschaltknopf oder drehen aus Versehen an den Pedalen, .... den Rest kann sich jeder ausmalen. Oder das Rad fällt von Arbeitstisch - der Akku schlägt irgendwo auf, 500 - 700 € sind kaputt. Sie putzen Ihr Rad mit Wasser! Es läuft in die Akkuhalterung, in die Kabelverbindungen und den Motor - man kann sich leicht ausmalen das diese Behandlung Ihrem Pedelec nicht so gut bekommt, wenn das System noch unter Strom steht.

Pflegen Sie Ihr Pedelec indem Sie es regelmäßig putzen. Unsere Räder putze ich flüchtig mit einem Lappen, wenn sie staubig sind. Sind sie dreckig, nehme ich den Hochdruckreiniger, aber Vorsicht, immer einen Meter Abstand mit der Düse von den Lagern halten. Die Kette und die Zahnkränze lassen sich mit dem Hochdruckreiniger auch recht gut von Dreck und Altöl befreien. Bei Puristen ist der Hochdruckreiniger verpönt, manche raten total von ihm ab. Ich bin aber der Meinung, ein Fahrrad bekommt man ohne Hochdruckreiniger nur dann einmal richtig sauber, wenn man es auseinanderbaut, so haben wir es jedenfalls gehalten, bevor der Hochdruckreiniger erfunden wurde. Bei der Internationalen Deutschen Meisterschaft, die 2007 in Hochsölden - Österreich am Gletscher endete, konnte ich beobachten, dass nach dem Rennen alle Teams ihre Rennräder zunächst mit dem Hochdruckreiniger säuberten, dann mit Seifenlauge nachwuschen und nach Einstellarbeiten mit ein klein wenig Öl nachbehandelten. Es ist anzunehmen, dass diese Spezialisten wissen was sie tun und was für den Rennsport gut ist, kann für den Normalfahrer auch nicht schaden.

Wenn Kette und Zahnkränze sich nicht mehr von Dreck und Altöl befreien lassen, hilft nur noch Fettlöser oder Bremsenreiniger, die bekommt man im Autozubehör-Fachhandel. Doch beim Bremsenreiniger ist Vorsicht geboten, denn das im Bremsenreiniger enthaltenen Aceton zerstört Gummi und an jedem Fahrrad gibt es eine Menge Gummiteile und Dichtungen. Eine gute Lösung ist auch Waschbenzin, dazu sollten die zu reinigenden Teile aber vom Fahrrad abgeschraubt werden, z. B. das Hinterrad herausnehmen und die Kette in eine Reinigungslösung legen. Wenn Sie Ihr Rad regelmäßig putzen, kommen Sie überhaupt nicht in die geschilderte Situation. Doch nun weiter, - mit dem Hochdruckreiniger den gelösten Dreck entfernen, danach das Rad mit Papiertüchern trocknen und stehen lassen. Wenn es dann wirklich trocken ist, mit sogenanntem Sprüh-Öl, das ist dünnes Öl, das man in der Industrie benutzt, um Maschinen sauber und rostfrei zu halten, nachbehandeln. Man gibt es in eine Sprühflasche, pumpt Luft hinein und sprüht das Rad ein. Einwirken lassen, dann einen Lappenstreifen nehmen und gründlich sauberwischen. Eine andere Methode lesen Sie weiter unten.

Der Kette sollte man große Aufmerksamkeit widmen, sie öfters mal mit einem alten Lappen durchziehen, damit der gröbste Schmutz weg ist. Um sie zu reinigen, wird die Fußstütze ausgestellt, dann kippt man hinter dem Rad stehend mit der linken Hand das Rad über die Fußstütze etwas nach links an, sodass sich das Hinterrad frei in der Luft befindet. Nun kann man mit der rechten Hand, bequem die Kette mit einem Lappen durchziehen, indem man mit ihm auf der Kette hin und her fährt. Zwischendurch die Kette mit dem Lappen festhalten und die Kette nach hinten durchziehen. Tretkurbel und Hinterrad drehen sich nun durch und man kann Abschnittsweise die Kette säubern. Dann noch etwas Ballistol, Sie lesen richtig, - das alt bewährte Waffen-Öl klebt und verharzt nicht - an die Kette geben, mit der Tretkurbel die Kette ein paar Umdrehungen durch kurbeln und nach 10 Minuten den Ölüberschuss abwischen. Wird eine Kette so gepflegt, kommt es nicht zu Öl – Dreck Verharzungen, die sich dann kaum noch entfernen lassen. Ich sprühe mit Ballistol das ganze Fahrrad leicht ab und reibe es danach mit einem Lappen „trocken“.

Eventuell gleich noch alle beweglichen Teile ölen, aber nicht zu oft und nicht zu viel und alles sorgfältig nachreiben. An die

Stoßdämpfer bei der Gabel sollte man regelmäßig nach der Säuberung, einen kleinen Spritzer WD 40 geben. Mit WD 40 kann man auch quietschende Bremsen behandeln, indem man sie an die Felge, oder an die Bremsscheiben sprüht, aber nicht zu viel und sorgfältig nachwischen. Beim Neustart mit dem Rad, muss man die Bremswirkung mehrfach testen, bis sich eine gute, alte Bremswirkung wieder aufbaut hat.

Weitergehende Tipps für Fahrrad-Bastler finden Sie auch in den Büchern von Jochen Donner unter:
Amazon: Autor Jochen Donner, Technikchef bei der Zeitschrift Trekkingbike.

Radfahrer sind in der Regel auch ganz gute Fahrradmonteure, sollte das nicht der Fall sein, rate ich dazu, mindestens dann einen Lehrgang zu machen, wenn Sie sich aus der Stadt hinausbewegen wollen. Machen Sie bei einem Freund, der sich auskennt einen Lehrgang, lernen Sie wie man eine Kette auflegt oder einen kaputten Fahrradreifen repariert, bevor Sie losfahren. In Radler-Familien werden solche Fertigkeiten vom Vater auf den Sohn „vererbt"

Um sich im Notfall selber helfen zu können, sollten Sie in der Packtasche mindestens eine Luftpumpe, Flickzeug und einem Schlüsselset und vor allem ein Paar Gummihandschuhe auch dann mitnehmen, wenn Sie handwerklich unbegabt sind. Selbst Könner die Ihnen gern helfen möchten, sind ohne Werkzeug machtlos. Das Flickzeug sollte mehrere Flicken, Gummilösung und zu ihrem Fahrrad passende Ventile mit Ventilschrauben enthalten. Darüber hinaus führe ich noch einen passenden Ersatzschlauch und eine Fahrradkette mit Kettenschloss mit. Da man Kettenschlösser kaum ohne eine Kombizange aufbekommt, ist die auch noch an Bord. Das ist kein übertriebener Perfektionismus, denn im Laufe meines langen Fahrrad-Lebens, sind mir schon öfters Ketten gerissen, ganz besonders in den Bergen und am Pedelec.

Während sich beim Autofahren kaum noch jemand um Pannenfahrzeuge kümmert, ist es unter Radfahrern üblich nachzufragen, ob Pannenhilfe erforderlich ist. Man trifft hier auf eine Spezies, wo Hilfsbereitschaft sehr ausgeprägt ist. Das ist wohl darauf zurückzuführen, dass Fahrradpannen häufiger vorkommen und fast jeder schon mal in die Lage gekommen ist, Hilfe zu benötigen. Sollten Sie an einem radschiebenden oder an seinem Rad manipulierenden Radler vorbeikommen, bieten Sie Ihre Hilfe an, manchmal hilft schon eine Luftpumpe.

Die weitaus meisten Wartungsarbeiten kann man selbst durchführen, wenn man die Technik ein bisschen beherrscht. Im Einzelnen dazu folgendes:

Das Fahrradputzen: Gröberen Schmutz mit dem Hochdruckreiniger entfernen, dabei nicht mit der Düse zu dicht an die Rad-Lager und Gummidichtungen kommen. Die Kette und die Zahnkränze können dabei schon mal richtig kräftig abgedüst werden. Wenn sich der schwarze Dreck nicht mehr von der Kette und dem Zahnkranz löst, haben Sie schon zu lange nicht mehr geputzt und/oder geölt. Je nach Verschmutzungsgrad, die Kette mit Fettlöser einpinseln und nach einiger Zeit, noch mal mit dem Hochdruckreiniger drüber gehen. Danach das Rad mit Papiertüchern vortrocknen und über Nacht in einen trockenen Raum, nachtrockenen lassen. Am nächsten Tag das Rad auf einen Montagebock, oder einen Tisch stellen und gründlich mit einem Öl-Lappen putzen oder wie beschrieben die Sprühölmethode anwenden. Am besten eignen sich Baumwolltücher, die mit Maschinenöl leicht getränkt werden. Das nun am Rad anhaftende Öl muss mit einem trockenen Lappen nachgeputzt werden. Oft ist nach dieser Prozedur das Rad nach dem ersten Gebrauch mit Staub behaftet. Dieser sollte so schnell wie möglich abgerieben werden. Da diese Prozedur sehr aufwändig ist, reinige ich unsere Räder so intensiv, nur zweimal im Jahr. Dazwischen reinige ich sie nur mit einem trockenen Lappen oder je nach Verschmutzung mit einer Waschpolitur der Firma:

http://www.wellpro.de/index.php?cPath=21&osCsid=b37863c09acf59e7d5981dba3a1a858e

Carwash-Set Waschen ohne Wasser. Nach der Hochdruckreinigung, wird die Emulsion auf das nasse Rad aufgesprüht, mit einem Lappen verrieben und danach nur noch mit Wasser abgespritzt.

Nach dem Trocknen glänzt das Rad wie neu. Diese Methode hinterlässt jedoch keine Ölrückstände, die ja eigentlich gewollt sind, weil Öl in alle Ritzen, Schrauben und Engstellen hineinkriecht. So verhindert man das Rosten an schwerzugänglichen Stellen.

Die Waschpolitur verhält sich wie eine Autopolitur, die Oberfläche glänzt und wirkt Wasser- und Schmutzabweisend. Ich verwende deshalb abwechselnd beide Methoden und erreiche damit eine lange und schöne Lebensdauer unserer Fahrräder.

Foto Wellpro

Wenn mal die Kette runterspringt, liegt es fast immer daran, dass sie ausgereckt ist, also nicht mehr auf die Zahnkränze passt. Oft sind es auch falsche Einstellungen an den Schaltungen, die zum herunterspringen der Kette führen. Beim alten Panasonic Motor kommt noch das Antriebsrietzel des Motors als Ursache hinzu. Meistens muss der Kettenschutz entfernt werden, wenn die Kette sich zwischen dem Kettenkranz und den Speichen oder dem Rahmen verhakt hat, muss sie erst mal mit einem Schraubenzieher heraus gehebelt werden. Wenn das nicht sehr leicht zu bewerkstelligen ist, sollte man besser das Hinterrad ausbauen. Ist es wieder eingebaut, kann man sie oben auf das Kettenblatt am Tretlager auflegen, dabei muss die Kette nicht um das ganze Kettenblatt gelegt werden, es reicht schon, wenn 1/3 der Kette oben aufliegen. Nun kann man mit der Tretkurbel die Kette raufwerfen, wenn man sie mit einem kräftigen Schwung in Fahrtrichtung durchdreht.

Nach spätestens 3000 - 5000 km sind die meisten Ketten ausgereckt und passen nicht mehr richtig auf das Kettenblatt und die Zahnkränze. Zur Prüfung des Kettenzustandes, nimmt man eine Kettenschablone, diese wird in die Kettenglieder eingesteckt, so kann man feststellen, ob die Kette noch im Toleranzbereich ist. Wenn nicht, sollte man sie wechseln, sonst riskiert man das durch die kaputte Kette, auch noch die Zahnkränze unbrauchbar werden. Spätestens wenn die Schaltung knackt und kracht, geht nichts mehr und dann wird es richtig teuer. Oft muss dann das ganze Unter- Übersetzungssystem ausgewechselt werden. Um eine neue Kette in der Länge anzupassen, benötigt man einen sogenannten Kettendrücker. Das ganze Prozedere schauen Sie sich besser im Internet an:
http://www.youtube.com/watch?v=gbHfKooInls

Ist die Kette auf die richtige Länge gekürzt, wird sie auf das Kettenblatt beim Tretlager aufgelegt und durch die Windungen der Schaltung und über die Schaltkränze gelegt. Dann kann man die Kettenenden unten mit dem mitgelieferten Kettenschloss verbinden oder mit dem Kettendrücker einen Bolzen eindrücken, der die Enden verbindet. Die Verbindung mit dem Kettenschloss, ist einfacher und hat den Vorteil, dass man unterwegs, wenn mal die Kette reißt, leichter eine neue Kette oder ein kleines Kettenteil aufziehen kann. Die offenen Kettenglieder werden einfach nur auf die Bolzen des Schlosses aufgesteckt und die Schlitze der Verschlussspangen, die wie Büroklammern aussehen zugeschoben. Dann kräftig auf das Pedal getreten und sofort schließt sich das Kettenschloss durch die Belastung von selber. Führt man ein Kettenschloss im Pannenset mit, kann man damit auch eine kaputte Kette wieder flicken.

Einstellarbeiten an den Schaltungen. Die meisten Ketten- und Nabenschaltungen können über Stellschrauben an den Bowdenzügen nachjustiert werden, indem man diese Schrauben hinein- oder raus dreht. Dabei muss man sich die Drehrichtung merken. Beim Eindrehen, wird der Bowdenzug verlängert, beim Herausdrehen verkürzt und dadurch der Schaltpunkt verändert. Die Stellschrauben findet man am Schaltgriff und am Ende des Bowdenzuges bei der Schaltung. Sind diese Möglichkeiten ausgeschöpft, muss der Bowdenzug direkt verkürzt werden. An der Schaltung ist zu diesem Zweck eine Feststellschraube angebracht, die man öffnet, um das Stahlseil etwas durchzuziehen und es dann wieder festzuschrauben. Diese Arbeiten fallen immer dann an, wenn sich mit der Zeit der Bowdenzug ausgereckt hat, d. h. das Stahlseil wird immer länger, was dazu führt, dass der sogenannte Umwerfer, die Kette nicht mehr auf den nächst größeren oder kleineren Zahnkranz befördern kann. Der Umwerfer bei Kettenschaltungen, ist das lange Teil, welches unten heraussteht und gleichzeitig als Kettenspanner dient. Kettenschaltungen funktionieren oft deshalb nicht, weil der Umwerfer verbogen wurde, das kann man leicht feststellen, wenn man sich die Schaltung von hinten ansieht. Schauen Sie sich die Einstellung von Kettenschaltungen auch noch in YouTube an:

http://www.youtube.com/watch?v=YUcBjEE8zfM

Bei Nabenschaltungen, ist der Bowdenzug an eine kleine Gliederkette angehängt und die verschwindet in der Schaltnabe, welche die Steuerungs- und Schaltfunktionen übernimmt. Damit das immer „reibungslos" funktioniert, sollte man beim Kettenölen immer einen kleinen Tropfen Öl auch an diese Kette geben. Auch bei diesem System findet man eine Stellschraube, mit der man die Bowdenzug-Länge anpassen kann. Bei moderneren Schaltnaben sind meist zwei Bowdenzüge montiert, welche die entsprechenden Gänge schalten. Aber auch hier kommt es auf die Bowdenzug Länge an, die man ab und zu einstellen muss.

Beim alten Panasonic-Antrieb, muss man das Antriebsrietzel, welches die Kraftübertragung vom Motor auf die Kette übernimmt, nach ca. 2000 km umdrehen oder tauschen, weil es einfach verbraucht ist und der Kette schadet. Neuere Panasonic-Motoren ab 2014, geben ihre Leistung direkt auf die Tretachse ab, sind also wartungsfrei.

Bereifung und Schläuche wechseln, sowie kleinere Funktionsteile, wie Sättel, Klingeln, Lampen und Spiegel tauschen und andere Einstellungsarbeiten, sind Handwerksarbeit die im Fahrrad-Workshop besser erklärt werden:

https://www.fahrrad-workshop-sprockhoevel.de/elektro-bike_workshop.htm

Hier nur eine kleine Hilfestellung wie Sie unterwegs bei einer Reifenpanne weiterkommen. Also, zuerst das Rad umdrehen und auf Sattel und Lenker stellen. Um heraus zu bekommen, ob ein sichtbarer Schaden z. B. ein Dorn oder eine Reißzwecke den Schaden verursacht hat, den kaputten Reifen rundum untersuchen. Oft sind es auch Glassplitter, die sich durch die Reifenwandung nach innen geschafft haben. Das sieht man meistens erst, wenn man die Bereifung entfernt hat. Kann die undichte Stelle identifiziert werden, ist es oft möglich den Reifen nur an dieser Stelle mit den Montier-Hebeln von der Felge zu schieben, ohne das Rad auszubauen. Vorher muss man natürlich die Luft restlos aus dem Schlauch herauslassen. Damit sich der Reifen leichter über den Felgenrand schieben lässt, muss man wissen, dass bei den Reifen in der Felgenwandung ein Drahtring einvulkanisiert ist, der den gleichen Umfang wie der äußere Felgenrand, auf den gegenüberliegenden Felgengrund hat. Drückt man nun den Reifen in die Felgenvertiefung, passt der Reifenrand auf der anderen Seite genau über die Felge hinweg. Nun kann man die Reifenwandung über den Felgenrand nach außen ziehen. Dann den Schlauch seitlich herausnehmen und einen Flicken auf die undichte Stelle kleben. Dazu wird der Schlauch um das Loch herum mit einem Stück Sandpapier, liegt jedem Pannenset bei, aufgeraut, dann Gummilösung aufgebracht und 10 Minuten trocknen lassen. Nun wird von einem passenden Flicken die Schutzfolie entfernt und der Flicken auf die kaputte Stelle gedrückt. Kann man die kaputte Stelle nicht finden, muss das Rad ausgebaut, und der Schlauch aus dem Reifen entfernt werden. Den wieder aufgepumpten Schlauch führt man dann sehr langsam und vorsichtig am Gesicht vorbei. Wenn die kaputte Stelle kommt, bemerkt man den Luftzug und weiß nun, wo das Loch ist. Aber Vorsicht! Bevor man den geflickten, oder einen neuen Schlauch wieder montiert, muss man das Innere des Reifens sorgfältig abfühlen und durchschauen, denn meistens sitzt der Bösewicht, ein Dorn, ein Glassplitter oder Nagel noch im inneren des Reifens und dann ist der nächste Reparatur-Stopp nicht weit. Bei der Schlauchmontage wird das Ventil zuerst durch das Loch in der Felge gesteckt und die schmale Mutter nur leicht aufgeschraubt. Nun sollte man erst mal ein wenig Luft aufpumpen, nur so viel, dass der Schlauch schlaff gefüllt ist, dann den Schlauch in den Mantel- oder Reifen einbringen und nochmals etwas Luft nachpumpen. Nun kann der Reifen auf der Felge geschlossen werden. Danach wird durch Verschieben des Reifens auf der Felge, das Ventil ausgerichtet und die schmale Mutter festgezogen. Nun ein drittes Mal und etwas mehr Luft aufpumpen und dann den Reifen-Mantel um das gesamte Rad herum seitwärts von der Felge wegdrücken und zwar so weit, dass man sehen kann ob nicht eventuell der Schlauch an der Felge eingeklemmt ist. Das darf auf keinen Fall passieren, denn beim weiteren Aufpumpen des Schlauches, würde er an dieser Stelle platzen. Größere Löcher oder dicht am Ventil befindliche, kann man nicht mehr flicken, für diesen Fall sollte man immer einen Ersatzschlauch mitführen. Geflickte Schläuche sollte man sowieso bei nächster Gelegenheit austauschen. Das Gleiche gilt für dünn gefahrene Reifen, mit denen man leichter einen Schaden bekommt, als mit neuen, die noch ausreichend Profil zeigen. Reifenprofil ist beim Fahrrad noch viel wichtiger, als beim Auto, denn wir fahren ja „nur“ auf zwei Rädern. Wahrscheinlich kommt es nicht zum Aquaplaning, doch wenn es regnet, rutscht auf glattem Untergrund, gern mal das Vorderrad seitlich weg und an abgesenkten Bordsteinkannten das Hinterrad.

Da sie mit dem Pedelec unterwegs sind, sollten sie grundsätzlich auch die Bedienungsanleitung des Motorsystems im Reparaturset mitführen. Mindestens aber die Seite mit den Fehlercodes kopieren, sonst kann es passieren, dass sie bei einem Ausfall der Elektronik, nicht mehr mit Motorunterstützung weiterfahren können. Dabei sind es oft nur Kleinigkeiten, die zum Ausfall des ganzen Systems führen. Je nach Hersteller arbeiten die Sensoren anders zusammen, beim Panasonic-Motor muss z. B. der Geschwindigkeitssensor und der Speichen-Magnet optimal eingestellt sein, sonst fällt das System aus. Diese Sensoren sind meistens an einer Vor- oder Hinterradgabel angebracht. Gegenüber ist an einer Speiche ein Magnet befestigt. Speichen-Magnet und Sensor, müssen mit einem Abstand von 1 - 5 mm genau gegenüber positioniert werden. Ist das nicht der Fall muss der Speichen-Magnet verschoben werden oder der Abstand durch Zwischenlegen oder Entfernen von Gummischeiben am Rahmen wiederhergestellt werden. Stimmt diese Einstellung nicht, fällt das ganze Motorsystem aus.

## Die Fahrradblinkanlage, Technik-Stand 2017

Als Radler kommt man oft in Situationen, die eine Richtungsanzeige mit „Hand raushalten" unmöglich machen, weil man gerade bremsen muss und deshalb beide Hände am Lenker benötigt. Da kann es sein, man fährt einen Berg herunter oder muss wegen der Verkehrslage plötzlich abbremsen, dann hat der Radler keine Möglichkeit, lange genug eine Hand vom Lenker wegzunehmen. Meistens zeigt der Radler, wenn überhaupt, eine Richtungsanzeige nur sehr kurz an. Ein anderer Verkehrsteilnehmer muss gerade in selben Augenblick auf den Radler schauen, sonst ist die Anzeige schon wieder „ausgeschaltet". Ich finde diese Situation, ist im heutigen Straßenverkehr nicht mehr praktikabel, da muss sich schnellsten etwas ändern.

Alle auf dem Markt erhältlichen Blinkanlagen wurden von mir getestet, leider und das bedaure ich sehr, gibt es bisher keine, die auch nur annähernd diesen Namen verdient. Das Hauptproblem ist die Anbringung der Blinker und der Verkabelung. Fahrradblinker müssen natürlich möglichst weit außen am Lenker oder in Lenkerhöhe und hinten in Sattelhöhe angebracht werden. Weil Fahrräder häufig umfallen, haben Blinker auf Grund ihrer Bauart aus Plastik nur eine relativ kurze Lebenszeit. Will man sich die umständliche Verkabelung sparen, muss man auf Batteriebetrieb und Funk zurückgreifen, was bei der Eigenversorgung des Pedelecs mit Strom, kontraproduktiv ist. Außerdem müssen sie mit Schutzstangen gegen Beschädigung gesichert werden. Da ist die Fahrradindustrie gefordert, nur von hier kann wie seiner Zeit beim Motorrad Abhilfe kommen. Einen nachträglichen Einbau halte ich nicht für sinnvoll. Am besten wäre eine Spiegel-Blinker-Kombination auf beiden Lenkerseiten, die aber nicht wesentlich über die Lenkerenden hinausstehen sollte. Die hinteren

Blinker könnte man problemlos am Gepäckträger anbringen. Natürlich müsste das für Räder typische Umfallen berücksichtigt und diese Bauteile in stoßfesten Gehäusen untergebracht werden.

Bild: Flyer-Pedelec mit Mittelmotor, Blinkanlage, „Autoabweiser“ und „Blinker-Schutzstangen“ (grün). In dem Rohr befindet sich eine Notfallausrüstung. Die Krücke signalisiert: „Bitte fahren sie mich nicht zum Krüppel“. Aber soweit sollte man das Sicherheitsbedürfnis dann doch nicht treiben.

Es erhebt sich die Frage, ob das unhandliche Teil nicht mehr Gefahren heraufbeschwört, als es Sicherheits-
Gewinn bietet, denn mit dem ganzen „Gerümpel“ kann man auch leicht irgendwo hängenbleiben! Außerdem kostet das zusätzliche Gewicht Akkuleistung.

## Noch ein paar Tipps

Fahren sie nie auf dem Bürgersteig, das ist verboten und kostet 18 € Strafe. Gelegentlich fahren wir aber doch auf Bürgersteigen, nämlich immer dann, wenn die Straße so gefährlich ist, dass man als Radfahrer um sein Leben bangen muss. Die Strafzettel nehmen wir dabei in Kauf. Dieses Verhalten sollte aber die absolute Ausnahme bilden. Außerdem sollte man nur mit Schritttempo fahren, genauso, wie man es auch in Fußgängerzonen tut, wo Radfahren erlaubt ist.

Wenn ein Fahrradweg vorhanden ist, müssen Sie ihn benutzen, aber nur, wenn er auch zumutbar befahren werden kann. Ist er kaputt, im Winter nicht gestreut, gefährlich geschottert oder von Baumwurzeln zerstört, müssen sie ihn nicht benutzen.

Achten Sie an Straßeneinmündungen oder Kreuzungen besonders auf Autofahrer, wenn der Radweg auf der falschen Straßenseite angelegt wurde. Autofahrer rechnen hier nicht mit Radfahrern.

Fahren Sie nur auf der Straße, wenn kein Fahrradweg vorhanden ist, aber dort nur wenn es keine andere Möglichkeit gibt und dann nur mit äußerster Vorsicht. Naht von hinten ein Auto, immer in den Rückspiegel schauen, ob er Ihnen auch ausweicht.

Fahren Sie mit Ihren Kindern unter 10 Jahren immer auf dem Bürgersteig, das mitfahren ist in diesem Fall erlaubt.

Wird am rechten Fahrbahnrand ein Schutzstreifen für Radfahrer markiert, dann dürfen andere Fahrzeuge die Markierung bei

Bedarf überfahren. Der Schutzstreifen ist aber kein Radweg, sondern lediglich ein, durch eine Markierung nach § 39 Abs. 3 StVO, ausgewiesener Schutzstreifen für Radfahrer, auf dem sie Vorrechte genießen.

Achten Sie immer auf Autotüren von parkenden Autos. Schauen sie hinten durch das Rückfenster oder in den Rückspiegel des Autos, ob jemand auf der Fahrerseite drinsitzt! Der könnte gerade aussteigen wollen. Besonders gefährlich sind die Beifahrertüren!

Fahren Sie immer mit einer durchschnittlichen Trittfrequenz, zwischen 50 – 80 Pedalumdrehungen in der Minute. So erreichen Sie eine hohe Akku-Reichweite und schonen Bänder, Sehnen und Gelenke, Muskulatur und Kreislauf werden es Ihnen danken.  Das setzt voraus, dass Sie schaltfreudig fahren, also den Motor nicht quälen, aber auch nicht überdrehen dürfen. Immer mit flottem Tritt unterwegs sein. Anfänger verfallen durch die Motorunterstützung oft in den Fehler im hohen Gang zu treten, der Effekt ist wie beim Autofahren, wo man lange üben muss, um die mittleren Motordrehzahlen, mittels Getriebe auf die jeweilige Geschwindigkeit und die Verkehrssituationen anzupassen. Das heißt für unser Pedelec, vorausschauend schalten, während des Anhaltens schon vorsorglich in kleinere Gänge schalten, sodass man zum Anfahren bereit ist, denn im Gegensatz zum Auto, wo man an der Ampel einen kleinen Gang einlegt, muss beim Pedelec zum Schalten die Tretkurbel gedreht werden. Nur die NuVinci Nabe macht hier eine Ausnahme, sie lässt eine Voreinstellung zu und ist sofort startbereit.

Haben Sie mal vergessen vor dem Anhalten einen niedrigen Gang zum schnellen Starten einzustellen, schalten Sie trotzdem zwei Gänge runter und fahren Sie dann nur mit leichtem Pedaldruck an und erhöhen Sie die Geschwindigkeit erst, wenn Sie merken, dass die Gänge eingerastet sind. Wenn es verkehrsbedingt darauf ankommt schnell zu starten, heben Sie das Hinterrad kurz hoch und drehen die Tretkurbel mit dem Fuß weiter, bis der Startgang eingerastet ist. Sollte Ihr Rad mit Gepäck zum Hochheben zu schwer sein, hilft ein kleiner Trick, den ich weiter oben schon beschrieben habe. Man stellt kurz die Fußstütze aus, kippt das Rad auf sich zu und kann dann die Tretkurbel durchdrehen, weil das Hinterrad vom Boden freikommt. Kommt eine Steigung in Sicht, schalten Sie lieber einen Gang zu viel runter, hochschalten kann man am Berg immer, mit dem runter schalten wird es da etwas schwieriger, deshalb sollte man es oft trainieren. Sie haben am Berg nur eine winzig kleine Schaltpause zur Verfügung, können Sie die nicht umsetzen, müssen Sie unweigerlich absteigen. Der Radfahrer sagt dann: Ich habe mich verschaltet. Damit Ihnen das nicht passiert, nehmen sie vor dem Schaltvorgang einen ganz kleinen „Anlauf“, treten Sie mit aller Kraft kurz in die Pedale, dann nehmen Sie die Muskelleistung weg und schalten im gleichen Moment wo das Rad noch vorwärts läuft in den nächsten gewünschten Gang um. Dann feinfühlig erspüren, ob der Schaltvorgang erfolgreich war und weitertreten. Wenn Sie das richtig beherrschen, werden Sie immer ohne Schaltgeräusche, Ketten- und Zahnkränze schonend fahren. Alles Übungssache und: Es ist noch kein Meister vom Himmel gefallen.

Fahren Sie nie ohne Helm, Ihr Kopf ist der höchste Punkt des >Fahrzeugs<, er knallt bei einem Sturz aus zwei Meter Höhe auf die Straße und glauben Sie bloß nicht, dass Sie diese Fallhöhe + Geschwindigkeit mit Ihren Händen auffangen können. Hinzu kommt, dass Ihre Kleidung auf Beton und Makadam, den Sturz abrupt abstoppt, durch diesen Nebeneffekt, überschlagen sich Zweiradfahrer bei Stürzen, wenn sie auf den Boden knallen. Wenn Sie es nicht glauben, dann werfen Sie an Halloween mal einen kleinen, kopfgroßen Kürbis mit Schwung aufs Pflaster, so ungefähr würde dann Ihr Kopf nach einem Sturz aussehen!

Schalten Sie immer die Beleuchtung ein, auch tagsüber, das Tagfahrlicht ist bei Autos inzwischen auch vorgeschrieben.

Ziehen Sie sich grelle, auffällige Kleidungsstücke an. Wir bevorzugen **orange Warnwesten**, die kann man im Handel für 5 - 10 € erwerben kann. Der Effekt ist phänomenal, Autofahrer bemerken plötzlich den Radler. Rot – Aha, da vorn ist was - genau diese Aufmerksamkeit wollen wir ja erreichen, nicht weil wir uns für etwas Besseres halten, sondern weil wir im Verkehr die gleichen Rechte genießen wollen, wie die Autofahrer.

Wenn Sie zum Abbiegen die Hand heraushalten, schwenken Sie sie immer von oben nach unten. So machen Sie andere Verkehrsteilnehmer, insbesondere Autofahrer, besser auf sich aufmerksam, weil menschliche Augen Bewegungen schneller erfassen können, als unbewegliche Objekte.

Achten Sie auf Sand, Schotter, Bordsteinkanten, nasses - rutschiges Gras, große Schlaglöcher, Bahnschienen und Kanaldeckel, es sind die größten Feinde des Radfahrers.

Fahren Sie nie zu dicht am Straßenrand, Sie haben dann keine Ausweichmöglichkeit mehr nach rechts, denn dort ist die Bordsteinkannte, oder der Straßengraben.

Radeln Sie nie mit Musik-Ohrenstöpseln, Sie überhören überlebenswichtige Verkehrs-Geräusche, Sie berauben sich um eines Ihrer wichtigsten Sinne, mit der Sie die Evolution, zum Kampf ums Überleben ausgestattet hat.

Wenn Sie Ihr Rad mit der Fahrradstütze abstellen, auch nur kurz, schieben Sie das Hinterrad-Rahmen-Schloss zu, dann rollt das Rad nicht mehr weg.

Sie haben immer etwas zu transportieren, nehmen Sie bei kleinen Fahrten immer eine Packtasche mit, auf größeren besser zwei.

Denken Sie an ausreichend warme Wetterbekleidung und bei größeren Touren an Wäsche zum Wechseln.

Vergessen Sie nie eine volle Trinkflasche und ein Schokoriegel, ist auch nicht verkehrt, der liefert Energie.

Auf längeren Touren etwas zu essen mitnehmen, immer etwas „reinschieben" und wenn es auch nur ein Müsliriegel ist, dann bekommen Sie nie den sogenannten „Hungerast", das ist eine Situation bei der Ihr Körper seine letzten Energiereserven aufgebraucht hat und streikt, Sie können einfach nicht mehr weiter. Wenn Sie erst dann etwas essen, dauert es mindestens zwei Stunden, bis die Depots wieder aufgefüllt sind.

Doch nun genug, ich hoffe Ihnen verehrter Leser, ein paar hilfreiche Tipps und Anregungen gegeben zu haben oder habe ich Sie nun vom Radfahren gründlich abgeschreckt? Ein kleiner Trost bleibt uns Radlern, man fährt nicht nur in der Stadt, sondern meist auf autofreien Wegen, was die Unfallgefahren erheblich reduziert. Wenn Sie ein wenig Routine entwickelt haben, werden Sie mit dem Rad genau so sicher wie mit dem Auto unterwegs sein und sich mit Ihrem neu erworbenem Fahrradblick auch in unbekannten Gefilden zurechtfinden. Haben Sie wegen der Anschaffung eines Elektrorades immer noch Zweifel, gehen Sie in ein Fahrradgeschäft und leihen Sie sich für einen halben Tag ein Pedelec aus, tanken Sie dieses neue Radgefühl, es ist unbeschreiblich schön, es fühlt sich an als ob ein Engel schiebt.

Wie Sie sicher verstehen werden, übernehme ich für meine unwissenschaftlichen Anregungen und Ratschläge keine Haftung. Ich wünsche Ihnen allzeit gute Fahrt auf allen Fahrradwegen.

Ende

Wenn Ihnen mein Buch gefallen hat, möchte ich Sie bitten eine Bewertung abzugeben. Gehen Sie in den Amazon-Büchershop, schreiben Sie Horst Reiner Menzel, klicken Sie in das Cover-Bild und wählen Sie Rezension, oder klicken Sie in das Feld Schreiben Sie eine Bewertung und nicht vergessen, Sie müssen Sterne vergeben. Vielen Dank für Ihre Mühe.

# Stichwort-Verzeichnis

**ABS** = Antiblockiersystem von Autos bekannt, welches das Ausbrechen des Fahrzeugs beim Bremsen durch „stottern“ der Bremse verhindert. Der Bremsdruck wird kurz vor dem Blockieren elektronisch abgeregelt und dann wiederaufgebaut. Leider ist ABS für Fahrräder noch nicht erhältlich.

**ADFC** = Allgemeiner Deutscher Fahrrad Club, Herausgeber von Fahrradkarten-Material und Fahrradtouren auf Papier und in digitaler Form.

**Ah** = Abkürzung für Amperestunde; V * A = Wh = Wattstunde ist die Maßeinheit für die Ladungsmenge eines Akkus. Die Wh-Einheit = Wattstunde gibt die Energiemenge besser an.

**Akku** = ist die Abkürzung für Akkumulator = Batterie, der Speicher für die elektrische Energiekapazität eines Elektrorads. Wichtige Eigenschaften eines Lithium-Ionen-Akkus sind Lebensdauer, Kapazität und das Gewicht.

**Ausgleichsgetriebe** = Da Elektromotoren nur in bestimmten Drehzahlbereichen ihre optimale Wirkung erzielen, werden bei Pedelecs im Übergang zur Antriebsachse, Ausgleichgetriebe zwischen geschaltet. Fehlen diese, setzen manche Antriebe die eingesetzte Energie in ungünstigen Drehzahlbereichen, z. B. am Berg teilweise in Wärme um.

**Batterie** = Siehe Akku, die Batterie besteht aus mehreren Einzelzellen, die je nach der benötigten Spannung = Volt, oder Stromstärke = Ampere hintereinander, oder in Reihe geschaltet werden, daher der Name Batterie.

**Bar** = Maßeinheit für den Druck auf Luft oder auf Flüssigkeiten. 1 Bar ist in etwa der Luftdruck auf der Erdoberfläche oder der hydrostatische Druck der sich in 10 Meter Wassertiefe ergibt, und sich jeweils alle 10 Meter Wassertiefe um 1 bar erhöht.

**BATSO** = steht für >Battery Safety Organisation< und ist seit 2002 ein Industriestandard für Batteriesicherheit.

**Bewegungssensor** = Wird bei Elektrorädern verwendet, um die Pedalbewegung am Tretlager zu messen und schaltet bei Tretbewegungen den Elektroantrieb ein und aus.

**BMS** = Abkürzung für Batterie Management System; ein elektronisches Steuergerät zur Überwachung und Regelung von Laden und Entladen des Akkus. Auch Informationen über Ladezyklen können ausgegeben werden.

**Bremsen** = Beim Elektrorad kommen vier verschiedene Bremstypen zum Einsatz: Scheibenbremsen, Felgenbremsen, Rücktritt- und Rollenbremsen. Gute Felgen- und Scheibenbremsen arbeiten hydraulisch, die anderen mechanisch.

**Cityguide** = Stadtplan meist mit anhängenden POI' s (Pionts of interrest = interessante Punkte)

**Cycle** = Zyklus: Bicycle = englisch Fahrrad

**Drehmoment** = Wird in Newtonmeter (Nm) angegeben und berechnet sich aus Kraft, multipliziert mit dem Hebelweg. Beim Treten in die Pedale berechnet sich das Drehmoment über die Trittkraft und die Länge der Pedalkurbel.

**Drehmomentsensor Kraftsensor** = Misst die Trittkraft am Tretlager oder am Ausfallende des Hinterrads. Der Einsatz eines

Drehmomentsensors ermöglicht es, die Motorunterstützung direkt an die Leistung des Fahrenden anzupassen. Mehr dazu → Sensorik

**Durchstieg** = Mit dem Durchstieg bezeichnet man die Höhe des Fahrradrahmens an der Stelle, an der man mit dem Bein in den Rahmen durch und aufsteigt. Dabei unterscheidet man zwischen einem hohen, mittleren und tiefen Durchstieg.

**E-Bike** = werden allgemein Zweiradfahrzeuge genannt, die eigentlich ein 45 km/h schnelles Elektromofa sind, keine Fahrradwege benutzen dürfen, ein versicherungspflichtiges Nummernschild benötigen und für die eine Helmpflicht besteht. Fälschlicherweise wird das E-Bike in seiner Begriffsbestimmung immer wieder mit dem Pedelec verwechselt.

**Elektromotor** = ist ein elektromagnetischer Wandler, der elektrische Energie in mechanische Energie umwandelt. In Elektromotoren wird die Kraft, die von einem Magnetfeld auf die stromdurchflossenen Leiter einer Spule ausgeübt wird, in Bewegung umgesetzt. Damit ist der Elektromotor das Gegenstück zum Generator, der Bewegungsenergie in elektrische Energie umwandet. Elektromotoren erzeugen meist rotierende Bewegungen, sie können aber auch lineare Bewegungen ausführen, wie bei der elektromagnetischen Schwebebahn.

**Energiedichte** = Bei Akkus und Batterien bezeichnet die Energiedichte diejenige Energie, die je Gewichtseinheit gespeichert werden kann und verfügbar ist. Energiedichte wird auch bei Antrieben verwendet. Dort ist es die verfügbare Leistung eines Antriebs je Gewichtseinheit.

**Ergonomisch** = Ergonomie Ziel der Ergonomie ist es, die Arbeitsbedingungen, hier das Halten und Führen des Fahrrades, mit dem Lenker so optimiert anzuordnen, dass der Mensch möglichst wenig ermüdet oder gar geschädigt wird. Das Augenmerk liegt dabei auf der Benutzerfreundlichkeit. Gemeint ist dabei allgemein die Mensch-Maschine-Schnittstelle.

**Elektro-Rad** = Siehe Typologie unter Pedelec

**Frontmotor** = Als Frontmotoren bezeichnet man Fahrrad-Antriebe, die in die Nabe des Vorderrades eingebaut werden. Dies sind derzeit die billigsten Varianten der Pedelecs.

**Getriebe** = Im Normalfall ein in die Hinterradnabe eingebautes, schaltbares Planetengetriebe, dass zur Anpassung, der an den Pedalen getretenen Drehzahlen, auf das Hinterrad dient.

**Heckantrieb** = Der über das System Tretkurbel-Kettenrad – Kette, die auf das Hinterrad übertragene Kraft in Vorwärts-Bewegung umsetzt. In der Regel wird der Fahrer durch einen Hinterrad-Naben-Motor unterstützt.

**Hybridfahrzeug** = Ein Fahrzeug, das mit einer Kombination aus mindestens zwei unterschiedlichen Antriebsarten betrieben wird. Beim E-Rad sind das die menschliche Muskelkraft und der Elektromotor. Bei Autos bedeutet »hybrid« in der Regel die Kombination aus Elektro- und Verbrennungsmotor.

**IOS** = Betriebssystem von →Smartphones

**Kleinkraftrad** = Motorisiertes Zweirad mit einer durch die bauartbedingte Höchstgeschwindigkeit von 45 km/h. Kann bis zu zwei Personen befördern.

**Kraftsensor** = mit dem Kraftsensor wird eine Kraft gemessen, die auf den Sensor wirkt, der dann wiederum einen elektrischen Schaltimpuls abgibt. Die Messungen erfolgen mit Federelementen, Piezo-Kraftaufnehmern oder auch mittels Tauchspulen die von einem elektrischen Strom durchflossen werden, welche die Tragekraft elektromagnetisch messen.

**Kreiselwirkung** = Wenn eine Scheibe auf einer Achse schnell rotiert, entsteht ein stabilisierender Effekt, eine sog. „Kreiselwirkung“ auch gyroskopische Wirkung genannt, die eine stabilisierende Wirkung erzeugt. Beim Radfahren besorgen das die Radreifen. Je schneller das System rotiert, desto schwerer ist es aus seiner linearen Richtung zu bringen. Der Radfahrer wird davon beim schnellen Fahren unterstützt; beim langsamen Radeln bis zum Stillstand, fällt er um.

**Ladegeräte** = sind von den jeweiligen Herstellern speziell für das Wiederaufladen ihrer Akkus konzipiert. Li-Ionen-Akkus dürfen nur mit einer speziellen Ladeschaltung geladen werden. Die Elektronik steuert den ladungsabhängigen Ladestrom und überwacht insbesondere die exakt einzuhaltende Ladeschlussspannung.

**Ladeschlussspannung** = steuert die Ladeendspannung eines Akkus, ist sie erreicht, verhindert eine elektronische Schaltung das Überladen des Akkus.

**Ladezyklus** = Entladung und anschließende Ladung eines Akkus; das gilt auch für Teilladungen, die nur wenige Prozent der Vollladung umfassen. Maßgeblich ist die nachgeladene Energiemenge. Beispiel: Die Angabe von 1000 Ladezyklen bedeutet, dass der Akku mindestens 1000 Mal zu 100 Prozent aufgeladen werden kann und dabei noch mindestens die vom Hersteller spezifizierte Restkapazität besitzt – meist 80 Prozent der ursprünglichen Speicherfähigkeit. Siehe auch → Akku.

**LED** = Eine **Leuchtdiode** (kurz **LED** von englisch *light-emitting diode*, dt. Licht-emittierende Diode, auch Lumineszenz-Diode) ist ein Licht emittierendes Halbleiter-Bauelement, dessen elektrische Eigenschaften einer Diode entsprechen. Fließt durch die Diode elektrischer Strom in Durchlassrichtung, so strahlt sie Licht, Infrarotstrahlung oder auch Ultraviolettstrahlung mit einer vom Halbleitermaterial und der Dotierung abhängigen Wellenlänge ab.

**Leerlaufverhalten** = damit meint man das Weiterrollen eines Fahrrades im Leerlauf, wenn der Motor sich abschaltet hat oder wenn man das Rad ohne Motor fahren möchte. Hier gibt es bei fast allen Systemen ein sogenanntes Nachlaufen des Motors, das wie eine Bremse wirkt, weil sich die Motoren erst nach ein bis zwei Sekunden ausklinken. Der Idealfall wäre ein Pedelec, das sich beim Fahren ohne Motor so anfühlte, als ob man ein ganz „normales" Fahrrad fährt.

**LEV** = Abkürzung für Light Electric Vehicle, deutsch: Leichtelektrofahrzeug; Oberbegriff für elektrisch angetriebene Leichtfahrzeuge z. B. Kabinenroller.

**Lithium-Ionen-Akku** = Kurzform für Lithium-Ionen-Akkumulator; ein Akku auf der Basis von Lithium- Ionen, die zwischen Anode und Kathode wandern. Li-Ion Akkus haben einen sehr geringen → Memory-Effekt.

**Memoryeffekt** = Hierunter versteht man den Kapazitätsverlust, der durch unvollständige Entladung eines Nickel-Cadmium-

Akkus auftritt. Bei den aktuellen → Lithium-Ionen-Akkus tritt dieser Effekt nicht auf.

**Mittelmotor** = ein in den Rahmen integrierter bzw. im →Tretlager untergebrachter Motor, der im Idealfall seine Kraft über die Tretlagerachse auf die Kette abgibt.

**Motorsteuerung** = Leistungselektronik zur Dosierung der Motorkraft. Sie ist in der Regel im Motorgehäuse untergebracht.

**Nabendynamo** = in die Radnabe integrierter Stromerzeuger, der die mechanische Drehbewegung des Rades in elektrische Energie für die →LED Beleuchtung umwandelt.

**Nabenmotor** = in die Vorder- oder Hinterradnabe integrierte Motoren, die im Idealfall mit Schaltgetrieben ausgerüstet sein sollten.

**NuVinci Schaltung** = neuartige wartungsfreie in die Hinterradnabe integrierte stufenlose Schaltung, wahlweise mit elektronischer oder mit mechanischer Steuerung der Übersetzungen von der Firma Fallbrook Technologies Inc. USA.

**Ökobilanz** = ist eine systematische Analyse der Umwelt-Einwirkungen von Produkten, während ihres gesamten Lebensweges - „von der Wiege bis zur Bahre“. Zur Analyse gehören sämtliche Umweltwirkungen während der Produktion, der Nutzungsphase und der Entsorgung des Produktes, sowie die damit verbundenen vor- und nachgeschalteten Prozesse z. B. Herstellung der Roh-, Hilfs- und Betriebsstoffe. Zu den Umweltwirkungen zählt man sämtliche umweltrelevanten Entnahmen aus der Umwelt z. B. Erze, Rohöl sowie die Emissionen in die Umwelt, z. B. Abfälle, Kohlendioxidemissionen. Der Begriff der Bilanz wird bei der Ökobilanz im Sinne von einer Gegenüberstellung verwendet, sie ist nicht mit der Bilanz innerhalb der Buchhaltung zu verwechseln. Quelle: Wikipedia für Interessierte, die es noch genauer wissen möchten.

**Pedelec** = englisch – Pedal Electric Cycle - Ein Elektro-Fahrradrad, dessen elektrische Fahrunterstützung nur beim Treten initiiert wird. Diese Unterstützung ist nur bis 25 km/h erlaubt, die Toleranzgrenze liegt bei 28 km/h.

**Piezoelemente** = sind keramische Sensoren, die auf Druck eine elektrische Spannung aufbauen, welche für Messzwecke genutzt wird.

**POI' s** = Points of interest = Interessante Punkte, Sehenswürdigkeiten, Hotels, Bahnhöfe, Infrastruktur usw.

**Radnabe** = Radlager, die über Kugellager in der Nabe, den Leichtlauf eines Rades ermöglichen.

**Reichweite** = Gibt die Strecke an, die man mit einer Akkuladung mit dem E-Rad fahren kann. (50 – 100 km)

**Rekuperation** = Rückspeisung von Energie in den Akku. Der Motor wird im Schiebeverkehr, bei bergab Fahrten oder beim Bremsen als Generator verwendet und erzeugt Strom.

**Rohloff-Nabenschaltung** = Text Quelle Rohloff.
14 Gänge gleichmäßig abgestuft mit der Schaltkapazität einer 27 Gang MTB Kettenschaltung. Komprimiert und wartungsarm untergebracht in der leichten Aluminiumgehäuse. Zwangsgesteuerte Gangwahl, gerade Kettenlinie, geringe Betriebskosten und geringes Gewicht.

**Schiebehilfe** = Wird meist auf Knopfdruck, seltener mit Drehgriff aktiviert. Beschleunigt das E-Rad auf bis zu 6 km/h, ohne dass in die Pedale getreten werden muss. Praktisch an Rampen oder beim Anfahren am Berg. Besonders bei Vorderrad- Naben- aber auch bei Mittelmotoren kann die Schiebehilfe zudem das Treppenaufsteigen erheblich erleichtern.

**Smartphone** = Mobiltelefon, das mehr Computerfunktionalität als ein herkömmliches Mobiltelefon zur Verfügung stellt. Heute vereinigt ein Smartphone in einem kompakten Gerät, noch die Funktion eines transportablen Medienabspielgerätes, einer Digital- und Videokamera eines GPS-Navigationsgeräts und eines Kleincomputers. Viele moderne Smartphones, sind mit einem hoch auflösenden berührungsempfindlichen Bildschirm ausgestattet. Dieser kann sowohl Standard-Webseiten, als auch mobil optimierte Webseiten darstellen. Meistens sind diese Geräte mit ->Touchscreens ausgerüstet.

**Sensorik** = darunter versteht man die Messfühler, wie →Piezoelemente, Kraft- und Bewegungssensoren, die ihre Messwerte an die Elektronische Motorsteuerung abgeben.

**S-Pedelec** = → E-Bike - Schnelles Pedelec mit einer Nennleistung von bis zu 500 W und einer Höchstgeschwindigkeit von 45 km/h.

**Spannung** = Volt ist die international verwendete Maßeinheit für Spannung, siehe auch unter -->Volt.

**Touchscreen** = berührungsempfindlicher Bildschirm oder Display zum Eingeben von Daten in Computer, Tablet PCs oder Smartphones.

**Tretkurbel** = das Herzstück eines Fahrrades, welches die Hub-Pedalkräfte des Fahrers in eine Drehbewegung umwandeln.

**Tretlager** = Mittellager des Rades mit Tretkurbeln und Pedalen.

**Unterstützungsfaktor** = Ein Maß dafür, wie stark der Motor des E-Rads, den Radler beim Fahren unterstützt. Berechnet sich aus dem Verhältnis von Motorleistung, zur Muskel-Leistung des Fahrenden. Ein U-Faktor von eins heißt, Motor und Mensch leisten zu einem bestimmten Zeitpunkt gleich viel.

**V** = Abkürzung für Volt; Maßeinheit für elektrische Spannung. Bei E-Rädern sind 24, 26, 36 und 48 Volt Systeme üblich. Über 50 V Systeme sind aus Sicherheitsgründen nicht empfehlenswert.

**Vélo** = französisch = Fahrrad

**W** = Abkürzung für Watt; Physikalische Maßeinheit für Leistung. 1 Watt entspricht der Leistung, die bei einer elektrischen Spannung von einem Volt und elektrischen Strom von einem Ampere geleistet wird.

**Wh** = Abkürzung für Wattstunde; Tatsächlicher Energiegehalt einer Batterie oder eines Akkus, präziser als Ampèrestunden, →Ah zu bezeichnen. Ein 48 Volt-Akku mit einer Kapazität von 10 Ah hat eine Kapazität von 480 Wh (48 V x 10 Ah = 480 Wh).

**X** = Bionix Hinterradnabenmotor mit Rekuperation, Energierückgewinnung, entwickelt für sportliche Fahrer und Mountainbikes.

**Zahnkranz-Schaltung** = eine Übersetzung welche die am Tretlager getretenen Drehzahlen, über eine Fahrradkette, auf den an der Hinterradnabe angebrachten mehrfach Zahnkranz überträgt. Die Abstufung der Gänge erfolgt über einen Bowdenzug mittels einer Schaltgabel. In der Regel können bis zu 24 Gänge geschaltet werden.

## Leser-Informationen

Horst Reiner Menzel wurde am 14. September 1938 in Spremberg in der Mark Brandenburg geboren. Nach dem Besuch der Schule und dem Abschluss einer Handwerks-Lehre war Menzel in den Jahren von 1953 bis 1959 im Kanu- Leistungssport aktiv. Er verließ 1959 die DDR, weil ihm die Ausbildung zum Meister und auch ein Studium der Holztechnologie verwehrt wurden, vermutlich Sippenhaft, weil sein Onkel von 1949 - 1954 als politisch Verfolgter in Torgau und Bautzen einsaß. Menzel arbeitete dann in der Bundesrepublik in einem größeren Handwerksbetrieb und begann eine kaufmännische Ausbildung, in deren Anschluss er von 1959 bis 1980 als Angestellter und Betriebsleiter, in diesem Betrieb tätig war. Ab 1980 führte Menzel zusammen mit seiner Frau Doris einen eigenen selbständigen Handwerksbetrieb, bis er im Jahre 2003 den Betrieb an seinen Schwiegersohn übergab, in Pension ging und sich dem Schreiben widmete. Hobbys: Sport - Musik- Schach - Schreiben - Bücher

Der Autor

# Veröffentlichungen:

Im BoD-Verlag Norderstedt und Amazon Verlag
Taschenbücher und E-Books deutschsprachig
and Publications as Paperbacks and Kindle E-books English

1
Gedichte und Aphorismen erzählen Geschichten
Nachdenkliches für Mußestunden
ca. 175 Gedichte 500 Aphorismen u. Epigramme
Herstellung und Verlag: BoD - Books on Demand, Norderstedt
Taschenbuch: ISBN: ISBN-9783753440156

2
Deutsch-Amerikanische Familien-Saga
Eine Familien-Saga erzählt die Geschichte der Auswanderer, von Siedler-Trecks, Goldgräbern und Farmern, von den Kriegsereignissen und der Nachkriegszeit.
Herstellung und Verlag: BoD - Books on Demand, Norderstedt
Taschenbuch: ISBN-9783753496986

3
German-American Family-Saga
A family saga tells the story of the emigrants, of settler treks, gold diggers and farmers, of the war events and the post-war period.
Amazon Paperback: ISBN-9798575985259
Amazon E-Book-Code ASIN-B08PP1FS6F

4
Denkanstöße-Philosophische Betrachtungen
Gesellschaft im Wandel der Zeiten
Herstellung und Verlag: BoD - Books on Demand, Norderstedt
Taschenbuch: ISBN-9783753420615

5
Denkanstöße Philosophische – Betrachtungen
Astronomie – Physik – Universum
Künstliche Intelligenz – Robotik
Herstellung und Verlag: BoD - Books on Demand, Norderstedt
Taschenbuch: ISBN-9783752683417

6
Der ~Blitzschutz~
Die Entstehung einer Branche und ihre Normen-Krise
von 1955 – 2010
Herstellung und Verlag: BoD - Books on Demand, Norderstedt
Taschenbuch: ISBN-9783754301944

7
Segelfieber
Fahrtensegler-Roman in der Seemannssprache, welche die harten Realitäten auf hoher See nicht mit Seefahrerromantik verklärt, sondern aufklärt.
Herstellung und Verlag: BoD - Books on Demand, Norderstedt
Taschenbuch: ISBN-9783746047720

8
Lebensabschnitte
Episoden-Geschichten, Erinnerungen an den Krieg,
die Nachkriegsjahre, den Neuaufbau Deutschlands.
Herstellung BoD - Books on Demand, Norderstedt
Taschenbuch: ISBN-9783753426501

9

Stalking-Report

Der Jurist definiert Stalking als Nachstellung und Verfolgen einer Person, die solange wiederholt wird, bis das Opfer in seiner physischen oder psychischen Unversehrtheit nachhaltig gestört ist und sich langfristig bedroht und geschädigt fühlt. Der Roman erzählt die Geschichte einer jungen Frau, die anfangs das Geschehen für den Spleen eines abgewiesenen Verehrers hält, sich dann aber bald in ihren Lebenskreisen immer mehr einschränken muss, um den exzessiven Nachstellungen des Stalkers zu entgehen. Die hilfesuchend die Behörden anruft, aber lange Zeit auf taube Ohren stößt. Erst durch ein entscheidendes Ereignis, dass sie selber auslöst, wird sie plötzlich vom Opfer zur Angeklagten.

Herstellung und Verlag: BoD - Books on Demand, Norderstedt
Taschenbuch: ISBN-13-9783752641110

10

Stalking Report

The jurist defines stalking as the stalking and pursuit of a person that is repeated until the victim is permanently disturbed in his physical or psychological integrity and feels threatened and harmed in the long term. The novel tells the story of a young woman who initially believes the events to be the quirk of a rejected admirer, but soon has to restrict herself more and more in her life circles in order to escape the excessive stalking of the stalker. She calls the authorities seeking help, but for a long time it falls on deaf ears. Only through a decisive event that she herself triggers, she suddenly goes from victim to defendant.

Amazon Paperback: ISBN-979-8582816287
Amazon e-book: ASIN-B08QVRX4C2

11
Das Verkehrs ABC
Ein Erfahrungsbericht aus 55 Jahren Fahrpraxis
Die häufigsten Fahr- und Denkfehler der Verkehrsteilnehmer – Wie überlebe ich im Verkehrs-Chaos
Herstellung BoD - Books on Demand, Norderstedt
Taschenbuch: ISBN-9783752825053

12
Paddelfieber und Silberpappeln
Roman und Huldigung an den Kanusport
Paddeln – Freizeit – Freiheit in der Natur genießen.
Eine der wenigen Sportarten, die Welt aus einer anderen Perspektive zu sehen.
Herstellung und Verlag: BoD - Books on Demand, Norderstedt
Taschenbuch: ISBN-9783753480824

13
Die Aussteiger-The Dropouts
Oase der Lebensfreude für Zivilisationsmüde
Herstellung BoD Books and Demand und Amazon
Taschenbuch: ISBN-9783753462264

14
Elektrofahrrad-Pedelec von A - Z
Ein Erfahrungsbericht für Einsteiger
Wissenswertes für alle Radfahrer
Herstellung BoD Books and Demand Norderstedt
Technik - Navigation - Verkehrsprobleme und mehr
Taschenbuch: ISBN-9783754306390

15

Für tot erklärt

>Für tot erklärt < - erzählt die fiktive Geschichte von Rudolph Kaiser und beschreibt eine für seine Familie unerträgliche Situation in drei Teilen. Die des „Kriminellen“, des „Verschwundenen“ und die, der „Hinterbliebenen“. Eigentlich eine wahre Geschichte, die sich jeden Tag an Land und auf hoher See, in der Berufs- Kreuz- und der Sport- Schifffahrt von Neuem ereignen kann.

Herstellung BoD Books and Demand

Taschenbuch: ISBN-9783753482002

16

Die Tuchmacha

Eine leidenschaftliche Heimat-Geschichte beginnend mit dem Erwachen des Industriezeitalters im 19. Jahrhundert der Spremberger Tuchmacherdynastien, erzählt von einem mit Spreewasser getauften Spremberger Horst Reiner Menzel.

Herstellung und Verlag: BoD - Books on Demand, Norderstedt

Taschenbuch: ISBN-9783753480503

17

Short Storries

What all this has come together in a long life.

Stories to smile and think about.

Impaled and written down,

Short stories to fall in love with.

Amazon Paperback: ISBN-9798692510969

Amazon E-Book Code: ASIN-B08KHH7VZ7

18

Der Blitz-König

Ein Blitzschutz-König, das war er in seinem Reich und in der Branche, ein Monarch im Tun und Handeln, und er wurde es wahrlich, ohne große eigene Anstrengung und Zutun. Sein Verdienst war es allerdings, immer die richtigen Leute zu finden, die ihn am Ende dorthin brachten was er haben wollte: Viel Geld.

Herstellung und Verlag: BoD - Books on Demand, Norderstedt
Taschenbuch: ISBN-978-3752660098

19

Kurzgeschichten

Was so alles zusammengekommen ist in einem langen Leben. Geschichten zum Schmunzeln und Nachdenken.

Herstellung und Verlag: BoD - Books on Demand, Norderstedt
Taschenbuch: ISBN-9783753453446

20

Das Schwimmbad A B C

Die allermeisten Bauherren sind Schwimmbad-Leien. Es gibt auch nur wenige Architekten, die sich mit der Materie wirklich auskennen. Man verlässt sich gern auf die „Fachleute“ respektive Schwimmbad-Errichter-Firmen und steht dann oft schon beim Bau und später bei der Schwimmbadbetreuung einsam und verlassen da. Die Anlage kann durchaus gut und richtig geplant und auch ausgeführt worden sein, doch nun steht man vor der riesigen Aufgabe dieses Technikmonster am Laufen zu halten.

Herstellung und Verlag: BoD - Books on Demand, Norderstedt
Taschenbuch: ISBN-9783753454467